布魯媽媽 的 幸福食堂

Blue Mama's Kitchen ：Cooking 101

Lina／布魯媽媽 —著

CONTENTS
目錄

PART 1 早午餐輕食風

PART 2 今晚飯怎麼吃

PART 3 麵食大集合

CHICKEN

PART 7 怎樣都好吃的百變雞肉料理

PART 8 燒滷一鍋好味道

STEWING

FOR KIDS

**PART 9 卡滋卡滋齒頰留香
收買小朋友愛的料理**

PART 13 經典配菜系列　豆腐

PART 14 經典配菜系列　菇類蔬菜

PART 15 上餐廳必點中式特色料理及巷弄小吃

SIMPLE & EASY

SWEETIE

DESSERT

早午餐輕食風

Brunch

法式吐司

■ 材料： • 吐司 3 片　　• 蛋 2 個
　　　　　 • 鮮奶 80ml　 • 白細砂糖 適量
　　　　　 • 奶油 1～2 大匙　• 蜂蜜 適量

■ 作法：

1　蛋打散後和牛奶混合成奶蛋液。

2　吐司去邊切成方塊狀後浸泡在奶蛋液中。

3　奶油熱平底鍋，將沾滿奶蛋液的吐司方塊擺上，
　　上頭撒少許的白細砂糖，中小火煎到兩面金黃微
　　焦。

4　隨意淋上一點蜂蜜，或是搭配任何自己喜歡的抹
　　醬即可。

[NOTE]

• 喜歡濃濃蛋香的朋友可以把
　蛋奶液換成奶黃液（即全蛋
　換成只取蛋黃和鮮奶混合），
　然後用厚片吐司吸個飽滿再
　下鍋煎。

• 上頭撒上一點白細砂糖再
　煎，是表面有美麗焦糖紋路
　和美味的祕訣喔！

免揉麵速成蛋餅

■ 材料：（可煎餅皮約 2 ～ 3 張）

- 蛋　1 個
- 水　200ml
- 鹽巴　少許
- 中筋麵粉　80g
- 玉米粉　10g
- 蔥末　1 大匙

■ 作法：

1　蛋打散，中筋麵粉 + 玉米粉過篩，再和所有材料混合均勻至麵糊無顆粒狀。

2　適量油熱平底鍋轉小火，取 1 ～ 2 大瓢麵糊下鍋輕轉動鍋子使麵糊成圓形。

3　文火慢煎至餅皮可以在鍋底滑動時再翻面煎香即可。

[自選口味蛋餅製作]

■ 材料：
- 蛋　1 個
- 蛋餅皮　1 張
- 培根　1 片

■ 作法：

1　適量油熱平底鍋，將蛋打散後倒入，上頭再鋪上對切成兩片的培根蓋上蛋餅皮，並用鍋鏟輕壓使餅皮、蛋和培根黏合並煎出香氣。

2　翻面再煎到微焦後捲起，收口處朝下停留略久成型。

3　盛出再切段，沾上自己喜歡的醬料即可。

[NOTE]

- 煎餅皮和捲蛋餅時，新手建議全程小火操作才不容易失敗唷～
- 粉料會沉澱，若是一次調製較大份量的麵糊，每次都需要拌一拌讓麵糊混合均勻再取適量出來煎餅皮。

法式起司火腿三明治

■ 材料：
- 吐司 3 片
- 蛋 1 個
- 三明治火腿 1 片
- 起司片（口味任選） 1 片
- 美奶滋 適量
- 黑胡椒 適量
- 白細砂糖 適量

■ 作法：

1   吐司去邊，取一片抹適量美奶滋再放上火腿片並灑黑胡椒。

2   蓋上一片吐司後，放起司片再將最後一片吐司蓋上。將上下層的吐司表面都刷上蛋汁並灑少許的砂糖。

3   少許油熱鍋將三明治的上下兩面都煎到金黃微焦。

4   斜角對切成四份小三明治即可享用。

[NOTE]

- 如果使用烤箱操作，大約溫度設定在攝氏 180 度預熱好後進烤箱烤個 2 分鐘表面蛋液不沾手的狀態即可。

- 使用平底鍋煎三明治時，靠近火腿的底層吐司面先煎好再翻成近起司片的那一面煎，讓起司片受熱的時間點晚一些些，這樣切開就會有起司融化的爆漿感喔！

蔥油餅

■ 材料：
- 中筋麵粉 600g
- 鹽巴 1 茶匙
- 油蔥酥 3～4 大匙
- 油 2～3 大匙
- 熱水 300g
- 冷水 60g
- 青蔥 2～3 大枝 （切末）
- 胡椒鹽 適量

■ 作法：

1　取一鋼盆篩入中筋麵粉後和鹽巴混合均勻。熱水倒入攪拌後再加冷水拌成糰。

2　工作檯面上撒一些麵粉，將步驟 1 揉成沒有麵粉顆粒的麵糰放回鋼盆中蓋上保鮮膜醒麵約 30 分鐘。

3　將麵糰取出揉至表面光滑。工作檯面上撒一些麵粉，將麵糰桿成約 45cm×30cm 的長方形麵餅皮。

4　麵餅皮上先刷油後再均勻撒上油蔥酥、蔥花及胡椒鹽。仔細捲起成樹輪圓桶狀。

5　平均切成 10 等分後，每一等份用塑膠袋包好進冷藏儲存。

6　冷藏個一天取出小麵糰，上一些手粉，用手掌壓扁後擀成圓餅狀再下鍋中大火煎到兩面微焦香即可。

[NOTE]

- 步驟 5 分成小麵糰後約醒 1 個小時以上就可以擀成餅狀下鍋煎，不過如果有冷藏過夜後餅皮會更 Q 軟好吃。

- 油的選擇上無限制，以豬油香氣最足，油量多寡也會影響蔥油餅是否有多層次的口感，所以用量上不宜再大幅刪減喔！

庫克太太三明治

■ 材料：
- 吐司 2 片
- 白醬 適量
- 三明治火腿 1 片
- 洋香菜 適量
- 蛋黃 1 個
- 焗烤用起司絲 2 大匙
- 黑胡椒 適量
- [白醬作法請參考 P.220]

[NOTE]

- 如果是使用可以設定溫度的烤箱，則可以不需要用鋁箔紙，直接進烤箱以攝氏 180 度烤約 10 ～ 12 分鐘即可。

■ 作法：

1　取一片吐司抹上適量白醬後，放火腿並撒少許黑胡椒。

2　另一片吐司的中心處先用刀鋒劃出一個圓形的中空洞後蓋在步驟 1 上。

3　除了圓形凹洞外，吐司上頭抹好白醬後再將焗烤用起司絲均勻撒上。

4　整份三明治用較大的鋁箔紙包起。（鋁箔紙要準備的大一些，盡量在包起後能和裡頭三明治的四周有一點點的縫隙以避免白醬和起司沾黏在鋁箔紙上），一般家用小烤箱烤約 8 分鐘後取出。

5　將鋁箔紙拿掉，原本上層吐司的凹洞處放上生蛋黃，再直接進小烤箱烘烤約 2 ～ 3 分鐘直到起司表面略焦香即可。

6　撒上適量的黑胡椒和洋香菜，趁熱對切，蛋黃和自製白醬交融，再搭上焗烤起司微焦的香氣，美味度破表！

鮪魚小黃瓜佐法棍

- 材料：
  - 水煮鮪魚罐頭（小罐） 100g
  - 鹽 適量
  - 檸檬汁 1 茶匙
  - 法棍麵包 適量
  - 小黃瓜 1 根
  - 美乃滋 1 大匙
  - 黑胡椒 適量

作法：

1　小黃瓜洗淨刨絲後用鹽巴抓一抓擠出澀水和美乃滋、檸檬汁、瀝乾水分的鮪魚拌勻成為鮪魚抹醬。

2　法棍切片進烤箱稍微烘烤至表面香酥後，抹上適量小黃瓜鮪魚抹醬即可。

[NOTE]

- 適量的檸檬汁能有效去除罐頭鮪魚難免會有的些許腥味。口味較重的朋友也可以在抹醬中在加適量的酸黃瓜切絲，也很優。

雞蛋沙拉三明治

■ 材料： •吐司 3 片　　•水煮蛋 2 個
　　　　•沙拉醬 2 大匙　•黑胡椒 適量

[NOTE]

•雞蛋沙拉最好兩天內就要吃完唷～如果有再加上其他易出水分的食材（如玉米等）則更要加快腳步消滅它，才能及時享受新鮮美味！

■ 作法：

1　將水煮蛋蛋白蛋黃分開。蛋白切成小丁狀，蛋黃加上沙拉醬後拌勻成沙拉蛋黃泥。

2　沙拉蛋黃泥和蛋白丁輕混合均勻，並加適量黑胡椒調味後用保鮮盒裝好並進冷藏冰涼備用。。

3　吐司去邊，抹上雞蛋沙拉，依個人喜好做成單層或是雙層三明治都超美味！

肉醬馬鈴薯泥

■ **材料：** ●馬鈴薯　1～2 個（約 250g）　●蒜末　1 茶匙
　　　　　●豬絞肉　100g　　　　　　●番茄糊　7 大匙
　　　　　●焗烤用起司絲　適量

【調味料】
　　　●鹽巴　適量　　　　　　　●番茄醬　1 大匙
　　　●洋香菜、黑胡椒　適量

■ **作法：**

1　將馬鈴薯去皮蒸或水煮至熟後趁熱壓成泥。

2　適量油熱鍋，將蒜末炒香後下豬絞肉炒至肉轉白略焦。

3　加入番茄糊、【調味料】和 2～3 大匙水煮滾後轉小火蓋上鍋蓋燜煮約 10 鐘後將番茄肉醬盛出。

4　拿一只耐熱烤皿，將番茄肉醬和馬鈴薯泥倒入拌勻，上頭撒上焗烤用起司絲進一般家用小烤箱烤到起司融化並帶點焦香。

5　開動前再撒上少許切碎的九層塔葉提味即可。

香煎馬鈴薯餅

■ 材料：
- 馬鈴薯 1 個（150 ～ 160g）
- 洋蔥絲 適量
- 黑胡椒 適量
- 三明治火腿 1 片
- 麵粉 2 大匙
- 冷凍青豆仁 2 大匙
- 鹽巴 ⅓ 茶匙

■ 作法：

1   將馬鈴薯去皮刨絲後放在廚房紙巾上吸去多餘水分。

2   冷凍毛豆仁汆燙後瀝乾，將馬鈴薯絲、火腿片切絲、洋蔥絲、麵粉、鹽巴及黑胡椒統統混合均勻。

3   適量油熱平底鍋，將混合好的步驟 2 挖一大瓢至鍋中，用鍋鏟或筷子將食材集中煎到成型後再翻面。

4   起鍋前轉稍大火把馬鈴薯絲煎到恰恰的最美味。

馬鈴薯沙拉

■ 材料：
- 馬鈴薯　2 個（250g）
- 水煮蛋　2 個
- 沙拉醬　2 大匙
- 黑胡椒　適量
- 紅蘿蔔　1 根
- 酸黃瓜　1～2 根
- 鹽巴　1 茶匙

■ 作法：

1　將馬鈴薯、紅蘿蔔去皮切小丁狀，放入加了少許鹽的滾水中煮軟。

2　水煮蛋蛋白切丁、蛋黃壓碎，酸黃瓜切丁後再和步驟 1 統統混合均勻。

3　加上沙拉醬、鹽巴、黑胡椒調味即可。

【NOTE】

- 有加了沙拉醬混合調味的薯泥沙拉，食材的水分要盡量擦乾後再加入，這樣沙拉才比較不容易變質，完成後也要在 2～3 天內食用完畢。

綜合蔬菜煎餅

■ 材料： •馬鈴薯 1 個　•玉米 1 大匙
　　　•薏米 2 大匙　•洋蔥 ¼ 個
　　　•花椰菜 2～3 小株

【麵糊料】
　　　•低筋麵粉 5 大匙　•水 100ml
　　　•蛋 2 個

【調味料】
　　　•鹽 ½ 茶匙　　•黑胡椒 適量

[NOTE]

• 製作這種蔬菜種類含量較多
　的綜合煎餅時，麵糊的濃度
　不宜過稀，這樣煎出來的成
　品才不容易鬆散失敗。

■ 作法：

1　花椰菜和薏米一起放到加了少許鹽的
　　滾水中燙好後瀝乾、花椰菜再切成小
　　株備用。

2　馬鈴薯去皮刨絲，適量油熱鍋後，依
　　序將洋蔥絲、馬鈴薯絲下鍋炒香。

3　取一只深碗，先將【麵糊料】混合均
　　勻，再將步驟 1 和 2 的材料統統倒入
　　再加上玉米粒及【調味料】拌勻。

4　適量油熱平底鍋挖取適量的步驟 3 進
　　鍋中煎成兩面金黃的煎餅即可。

薯餅

■ **材料：** • 馬鈴薯 1 個（大）　　• 美乃滋 1 大匙　　• 黑胡椒 適量

■ **作法：**

1　馬鈴薯切成薄片後再放入電鍋中蒸熟。內鍋在放上馬鈴薯切片前可以噴一點點水，這樣可以避免馬鈴薯沾鍋底，清洗也較省事方便！

2　趁熱將蒸好的馬鈴薯裝入耐熱袋中用擀麵棍隔著耐熱袋將馬鈴薯壓成泥。

3　壓好的薯泥和美乃滋及黑胡椒拌勻後，手掌沾少許水取適量薯泥在手中搓成圓球後再輕壓成薯餅狀。

4　適量油熱平底鍋，將薯餅下鍋煎到兩面焦香即可。

吐司烤蛋船

■ **材料：**
- 吐司 1 片
- 蛋 1 顆
- 鹽 少許
- 培根 1 片
- 生菜 1 片
- 黑胡椒 少許

■ **作法：**

1　吐司斜邊對切成兩個三角形狀後塞入事先抹好一層薄薄奶油的布丁烤皿中。

2　吐司內側再圍上一圈培根和擺上生菜。

3　中間打上全蛋灑適量鹽和黑胡椒後，進預熱好的烤箱以攝氏 200 度烤約 12-15 分鐘即可。

[NOTE]

- 烤的程度以蛋黃凝固了即可。如果家中有小小孩要食用則可以在上頭以鋁箔紙蓋住（避免吐司過焦）多烤 2～3 分鐘至蛋呈全熟的程度為佳。

- 烤盤請置於烤箱的最下層，如此可避免吐司過焦。

馬鈴薯烤蛋盅

■ 材料：●馬鈴薯 1 個　　●培根 2 片
　　　　●蛋 2 顆　　　　●鹽 少許
　　　　●黑胡椒 少許

[NOTE]

●如果擔心脫模不完整可以
　事先在烤皿內部鋪上鋁箔
　紙，蛋盅烤好時連同鋁箔
　紙一起取出即可。

■ 作法：

1　培根切末、馬鈴薯刨絲後依序下鍋，加少的鹽和黑胡
　　椒炒香後盛起備用。

2　取 2 只圓形的布丁烤盅內側先抹上薄薄的一層奶油。

3　將炒好的培根馬鈴薯絲在烤盅內圍成一圈並輕輕壓緊
　　後，中間留空處將蛋打入並撒上少許的鹽和黑胡椒。

4　進預熱好的烤箱以攝氏 200 度烤約 10 分鐘。

5　用湯匙將烤好的蛋盅整個取出，並隨意撒上香菜末即
　　可。

PART 2

今晚飯怎麼吃

DINNER

香蔥麻油雞燉飯

[NOTE]

• 杏鮑菇保留在最後的步驟再放能保持爽脆多汁的口感，若喜歡菇類燉到軟爛則在下雞腿肉丁時一起放入。

• 烹調燜飯系列的料理時，米請記得選用較硬有口感的長米或壽司米……等，如此料理完成時米飯才不致過於軟爛。

■ **材料：**
• 白米 3 杯
• 杏鮑菇 2 大根
• 青蔥 1 大枝
• 米酒 2 大匙
• 白胡椒 適量
• 去骨雞腿肉 2 片
• 老薑片 5 片
• 麻油 2 大匙
• 鹽 ½ 茶匙

■ **作法：**

1　去骨雞腿排切成一口大小、杏鮑菇切片、青蔥切絲備用。

2　取一深鍋倒入麻油，依序將老薑片和青蔥絲炒香。

3　再將雞腿肉炒到表皮焦香後下米酒及白米。

4　倒入 3 杯量米杯的水、鹽巴及白胡椒，小火煮約 8～10 分鐘。

5　杏鮑菇切片後放入後再加約 1 大匙麻油拌炒均勻，關火蓋上鍋蓋燜 10～15 分鐘至米飯熟透。

6　開鍋在撒上適量蔥絲提味即可。

海鮮燉飯

■ 材料：
- 長米　2 量米杯
- 蛤蜊　10 個
- 綠花椰　2 小株
- 鹽　½ 茶匙
- 高湯　2 又 2/3 量米杯
- 德式香腸　1 根
- 甜黃椒　½ 個
- 黑胡椒　適量
- 鮮蝦　15 隻
- 洋蔥　½ 個
- 奶油　20g
- 義大利香料　適量
- 花枝　70g
- 小番茄　10 個
- 白酒　2 大匙

■ 作法：

1　綠花椰切成適當大小放進加了少許鹽的滾水中氽燙後撈起備用。

2　鮮蝦去殼挑腸泥、花枝切片用少許太白粉抓麻後，適量油熱鍋炒到鮮蝦顏色開始轉紅時加白酒再翻炒幾下至 7 分熟即可連同湯汁一起盛起備用。

3　奶油熱鍋，將洋蔥末、番茄片炒香後加入長米及香腸片，拌炒到長米開始呈黏稠狀態時加入高湯，中大火煮滾後轉小火，燜煮約 10 分鐘。

4　再將蛤蜊、步驟 2 的海鮮連同湯汁、甜黃椒切片、鹽、黑胡椒、義大利香料一起倒入後煮約 5～6 分鐘關火蓋上鍋蓋再燜約 10 分鐘。

5　開鍋將原本燙好的花椰菜加入拌勻即可。

【NOTE】

- 海鮮類加入白酒快炒後的湯汁是提升鍋物鮮味不可或缺的好幫手喔～

- 烹煮燉飯類在米飯逐漸轉為黏稠時要記得不時的攪拌以避免燒焦沾底。依照食材易熟程度調整下鍋的次序就能保留食物最佳的風味～

蝦仁黃金蛋炒飯

■ 材料：●冷飯 3 碗　　●培根 3 片　　●蛋 2 個　　●蝦仁 15 隻
　　　　　●干貝 10 個　　●蔥末 2 大匙
　　　【醃漬料】　●蛋白 1 個　　●胡椒鹽 ¼ 匙　　●米酒 1 大匙
　　　【調味料】　●辣醬油 2 大匙　●胡椒鹽 適量

■ 作法：

1　蛋打散加入冷飯中拌勻並靜置 10 分鐘。

2　蝦仁去腸泥、干貝切成適當大小後加入【醃漬料】抓勻備用。

3　適量油熱鍋，將步驟 1 倒入炒成黃金炒飯盛起。

4　另起一鍋加入少少的油，把切成小片狀的培根放入鍋中炒至焦香盛起。利用鍋中煎培根出的油將醃好的蝦仁和干貝下鍋炒至 7 分熟。

5　黃金炒飯及培根回鍋，撒上適量胡椒鹽後拌炒均勻，起鍋前再沿鍋邊加入辣醬油轉中大火翻炒出香氣在撒上蔥花提味即可。

[NOTE]

關於粒粒分明的炒飯

● 冷飯炒小技巧：

（隔夜飯或是將平常多煮的飯冷凍起來的也很優。）

① 飯下鍋前，用手先將飯粒剝散再下鍋，會比下鍋了以後再用鍋鏟去壓鬆容易多了。

② 沒冷飯時，用比平常少約 1 大匙的水去煮飯，煮出來稍硬口感的飯，下鍋一樣可以有「救急版」粒粒分明口感。

③ 台式口味的炒飯用一般的圓米、或香米……就可以，但如果想要弄港版的臘味炒飯，或是偏東南亞口味的炒飯，則建議選擇長米為佳，又長米的硬度通常比圓米來的高一些，所以平日煮飯的時候水量可以比煮圓米時多一點點。（但若是本來就喜歡 Q 帶點口感米飯則不用）。

④ 煮白飯時加點鹽巴和油，都是增加白飯本身風味的好方法。

⑤ 全五穀雜糧飯因為米飯本身口感就不一，再加上每一種穀物的吸水度都不太一樣，不太建議拿來做炒飯料理。（若只是在白米飯增加小比例五穀類的就沒有關係。）

● 蛋

不需要打散直接下鍋，油的用量不需要多，略為翻炒到半熟時就可以下冷飯。讓冷飯下鍋時可覆到一部分未熟蛋液，是美味炒飯的要件之一。下鍋後火就不宜過小，且在蛋完全凝固前就要快速翻炒。

【小祕訣】

食譜文中的黃金蛋炒飯，就是先將冷飯泡到打散的蛋液中吸收蛋汁後再下鍋炒，這樣的炒飯相對起來是比較需要多一點點用油量的，否則很容易炒出乾巴巴的飯，如

果剛開始想練習的朋友們，建議還是先從基礎炒飯開始，比較容易入手。

● 基礎炒飯和其他炒料分 2 次下鍋。

對一般家庭用的爐火來說是很重要的。外頭的餐廳因為爐火大，就算一次下鍋，濕性料重的食材常很容易可以炒掉過多水分，且用油量相對的也大一些才能維持飯粒不過濕的口感。

【小祕訣】

基礎蛋炒飯炒好盛盤。同一鍋可以不用洗，補上一點點油，將想添加的材料炒香後，再將蛋炒飯倒入調味並快速翻炒。這樣也可以避免米飯在炒鍋內停留過長的時間而影響口感。

● 調味

原則：乾性料（如粉狀調味料……）先下鍋中火拌炒；濕性料（如醬油…包含蔥末都是），起鍋前再加並轉大火翻炒。

【小祕訣】

① 小朋友愛吃的火腿蛋炒飯，適量的黑胡椒是必需的。引出香氣卻不至有太明顯辣度。比起黑胡椒，其實白胡椒口味是比較有後勁的，在給小朋友嘗鮮的時候我覺得還是從微量黑椒著手好一些。

② 含有海鮮料的炒飯，可以試試用梅林辣醬油取代一般醬油調味，別有風味。

③ 所有醬料：如沙茶、番茄醬……等等都是濕性調味，基本上都是起鍋前下，大火翻炒均勻即可。如果害怕其他食材不夠入味時可以將以上醬料分成 3 等分，⅓ 的量在炒食材時先加入，剩下的 2/3 在放入蛋炒飯時再加，這樣就可以少去不夠入味的困擾嚕。

高麗菜飯

■ 材料：
- 米 2¾ 量米杯
- 豬梅花肉絲 150g
- 紅蘿蔔 20g
- 鹽 ½ 茶匙
- 高麗菜 300g
- 蝦米 30g
- 油蔥酥 2½ 大匙
- 白胡椒 適量

[NOTE]

- 利用砂鍋的蓄熱力烹調燜飯系列不但節省時間，也比較能將一起烹煮的食材風味帶出來。

- 最後蓋上鍋蓋將飯燜熟所需要的時間和天氣也有一定的關係。如果遇上大冷天時可以用鋁箔紙將砂鍋包起來燜，如此就不會耗費太多時間了。

■ 作法：

1　適量油熱砂鍋，依序將泡過水的蝦米、肉絲炒香。

2　再將紅蘿蔔切絲、高麗菜切成小片狀後加入一起拌炒至菜葉略軟。

3　白米下鍋，加入 2⅔ 量米杯的水、鹽及白胡椒煮滾後轉小火燜煮約 10 分鐘，將油蔥酥加入拌勻並關火。蓋上鍋蓋再燜 10 分鐘後即可。

皮蛋瘦肉粥

■ 材料：
- 冷飯　1 碗（150g）
- 豬里肌肉絲　80g

【醃漬材料】

【調味料】

- 燕麥片　2 大匙
- 蔥末　適量
- 李錦記舊庄蠔油　1 茶匙
- 香油　1 茶匙
- 油蔥酥　1 茶匙

- 皮蛋　1 個

- 米酒　1 茶匙
- 太白粉　¼ 茶匙
- 高湯粉　¼ 茶匙

- 白胡椒　適量

- 椒鹽　適量

■ 作法：

1　將【醃漬料】加入里肌肉絲抓勻備用。

2　取一深鍋加入約 800ml 水，將冷飯和燕麥片加入煮滾後轉小火煮到湯汁濃稠。

3　將肉絲加入，待肉開始轉白變色時再撥開和粥混合均勻。

4　將【調味料】加入拌勻。皮蛋切成合適大小的丁狀塊，在起鍋前 2 分鐘放入並輕輕攪拌。

5　粥煮成自己想要的濃稠度後灑上大把蔥花就完成嚕～

[NOTE]

- 皮蛋在起鍋前放比較能保持皮蛋完整的口感，若是喜歡皮蛋滋味混合在粥裡則可以在步驟 2 就放入鍋中。

- 粥類加入適量燕麥一起煮不但能增加點纖維質攝取，同時還能增加粥品滑順的口感，大推！

荷包蛋奶油飯

■ 材料：• 白飯 1 碗　　• 蛋 1 顆
　　　　• 奶油 ½ 茶匙　• 醬油 1 茶匙
　　　　• 黑胡椒 適量

■ 作法：

1　白飯煮好，趁熱將奶油、醬油和黑胡椒拌入。

2　蛋煎至半熟蓋在白飯上頭，再隨意灑一些黑胡椒
　　調味即可。

[NOTE]

• 白飯在烹煮時可以比平常水
量少放一些讓米飯更 Q 彈，
這樣拌上奶油或醬油時風味
會更優喔！

南瓜燉飯

■ 材料： ● 白飯 200g ● 南瓜泥 200g ● 蝦仁 4～5隻 ● 蘑菇 4朵
　　　　● 青豆仁 2大匙 ● 洋蔥 ½個 ● 紅蔥頭 3個 ● 焗烤用起司絲 2大匙
　　　　● 鹽 ½茶匙 ● 黑胡椒 適量

■ 作法：

1　蝦仁挑腸泥，用少許鹽和米酒略醃漬後放入加了適量油的鍋中煎香盛起。

2　同一鍋（免洗），補上一些油依序下洋蔥末、紅蔥頭末、蘑菇丁炒香。再加入白飯、水200ml、南瓜泥和青豆仁，小火邊煮邊攪拌至濃稠。

3　加入焗烤用起司絲、鹽、黑胡椒、步驟1的蝦仁繼續拌煮至起司絲融化即可。

[NOTE]

● 蝦仁煎香後記得預留幾隻最後擺在燉飯上頭，就會有畫龍點睛的視覺效果喔！

古早味油飯

[NOTE]

- 用不停拌炒最後加上燜煮的油飯雖然相對起來耗工一些，但就是會比一般把所有材料統統放進電鍋蒸煮的作法來得香Q入味。而且糯米基本上也不太需要浸泡，只要在備料及炒香其他配料的同時用水大致泡一下即可，

- 拌炒的過程中如果發現有沾鍋底情形，可以適時的加一點水或麻油再繼續翻炒古早風味的油飯，麻油用量別太拘泥，才能重現記憶中的美味。

■ **材料：**
- 長糯米 2.5 量米杯（約350g）
- 五花肉 150g
- 乾香菇 30g
- 蝦米 35g
- 油蔥酥 2 大匙
- 麻油 適量

【調味料 A】
- 醬油 1 大匙

【調味料 B】
- 醬油 2 大匙
- 李錦記舊庄蠔油 1 大匙
- 白胡椒 ¼ 茶匙
- 五香粉 適量
- 米酒 1 大匙
- 糖 ¼ 茶匙

■ **作法：**

1. 蝦米和香菇分別泡熱水，香菇泡軟後切細片、蝦米瀝乾水分。（泡過的熱水留起備用）。

2. 1 大匙麻油熱鍋，依序下蝦米、香菇片炒香後再下切成薄片狀的五花肉，並加入【調味料 A】炒出香氣。

3. 再將長糯米及【調味料 B】倒入，拌炒到糯米開始呈黏稠狀。

4. 將步驟 1 預留的香菇蝦米水合計起來是 3 杯量米杯的量（不足的話，補一般水。）倒入鍋中煮滾後，轉小火仔細翻炒約 15 分鐘。炒的過程中要不時的翻動鍋鏟，避免糯米沾黏鍋底。

5. 最後加入 1 大匙水及 1 茶匙的麻油，轉中大火炒 1 分鐘後關火蓋上鍋蓋燜約 10 ～ 15 分鐘即可。

肉排蓋飯

■ 材料：
- 豬絞肉 400g
- 蛋 1個
- 【調味料】李錦記舊庄蠔油 1 大匙
  - 胡椒鹽 ½ 茶匙
- 【醬汁料】李錦記舊庄蠔油 1½ 大匙
  - 黑胡椒 ½ 茶匙

- 板豆腐 40g
- 蔥末 3～4 大匙
- 醬油 1 大匙
- 酒 1 茶匙
- 紅酒 300ml
- 太白粉 2 茶匙
- 番茄醬 3 大匙

■ 作法：

1　板豆腐用紙巾吸乾水分後去硬邊，並用刀背壓成泥狀。

2　將豬絞肉、豆腐泥、蛋、蔥末和【調味料】統統放入一深碗中攪拌均勻。

3　將拌好的肉餡用手掌輕輕甩打至肉餡有充分的黏稠度。

4　適量油熱平底鍋，取適量肉餡在雙手手掌甩打幾次後輕壓成圓形肉餅狀下鍋，等一面焦香後翻面亦同。

5　餡料都煎成肉排後，原鍋將【醬汁料】倒入並加入約 1 量米杯的水轉中大火煮滾後，轉小火並將煎好的肉排放回鍋中蓋上鍋蓋燜煮約 5 分鐘。

6　開鍋轉中大火將醬汁收到略濃稠即可起鍋。

7　醬汁淋適量在白飯，配上肉排和隨意小菜就超美味。

[NOTE]

- 加了豆腐泥的肉餡可以讓肉排軟嫩多汁不乾澀，但記得要使用板豆腐才好操作喔！而去除硬邊的豆腐泥口感也會相對的比較細緻。

- 做肉排的過程中甩打肉餡是肉排不鬆散很重要的一環，如果有確實做到則不需要任何定型的輔助工作也可以把肉排煎得漂亮。

海鮮粥

[NOTE]
● 步驟 4 炒海鮮的鍋底湯汁
是讓粥品湯鮮味美的重要
關鍵之一喔!

■ **材料:** ● 冷飯 2 碗　　● 草蝦 10 隻　　● 透抽 80g
　　　　　● 魚片 80g　　● 蒜末 1½ 大匙　● 柴魚片 1 把
　　　　　● 白胡椒 適量　● 高湯粉 ¼ 茶匙　● 鹽 ⅓ 茶匙
　　　　　● 米酒 2 大匙

■ **作法:**

1　先將柴魚片放入 1000ml 的水中滾約 10 分鐘後撈起,將白飯倒入中大火煮滾轉小火煮約 15 分鐘。

2　海鮮料備好。草蝦去殼挑腸泥,透抽切成適當大小備用。用少許的椒鹽和酒先將海鮮料略微醃漬。

3　適量油熱鍋,將蒜末爆香後下海鮮料炒到蝦仁開始變色時將米酒嗆入翻炒幾下即可熄火(此時海鮮料大約只有七分熟)。

4　將海鮮料撈至另外盤中,鍋底的湯汁倒入熬粥的鍋子一起熬煮。

5　待粥煮成濃稠時,再將海鮮料倒入滾個 1〜2 分鐘,加入白胡椒、高湯粉、鹽巴調味,起鍋前撒上適量的蔥花即可。

牛肉蓋飯

■ 材料：•牛培根（五花）薄片　400g　　•洋蔥　1個　（大）
　　　　【醃漬材料】•醬油膏　1½ 大匙　　•米酒　1½ 大匙　　•香油　1 大匙　　•白胡椒　適量
　　　　【調味料】　•味醂　1 大匙　　•醬油　1 大匙　　•糖　1 茶匙　　•辣椒醬　1 茶匙

■ 作法：

1　牛培根薄片切成適當大小後將【醃漬料】加入抓勻備用。

2　適量油熱鍋，洋蔥切絲炒到略軟，再下醃好的牛肉片，中大火翻炒幾下加【調味料】及水 1 大匙，到湯汁煮滾即關火。

3　適量湯汁先加入白飯中再鋪上炒好的牛肉片，放上一些青蔥絲提味即可。

【NOTE】

•牛肉可以選擇火鍋用的薄片，省時便利又不易將肉質煮老喔。

瓜仔肉燥－番外篇之下飯好料理

■ 材料：●豬絞肉 300g　●蔭瓜 120g
　　　　●蒜末 1 大匙
　　　　【調味料】
　　　　●油蔥酥 1 大匙　●醬油 1 大匙
　　　　●米酒 1 大匙　　●冰糖 1 茶匙
　　　　●蔭瓜湯汁 2 大匙　●白胡椒 適量

[NOTE]

●蔭瓜也可以用脆瓜取代。蔭瓜本身就非常鹹，在下其他調味料時宜少量再慢慢調整至自己喜歡的口味唷！

■ 作法：

1　蔭瓜切末。適量油熱鍋後先爆香蒜末，再將豬絞肉下鍋翻炒到顏色開始轉白。

2　加入【調味料】及 1 量米杯的水中大火至煮滾後轉小火。

3　再將蔭瓜末加入，燜煮約 5 分鐘後即可。

鹹蛋蒸肉－番外篇之下飯好料理

■ 材料：
- 豬絞肉　200g
- 鹹蛋　1 個
- 蛋汁　1 大匙
- 蒜末　1 大匙
- 蔥末　1 茶匙
- 薑末　½ 茶匙
- 香油　1 茶匙

【調味料】
- 醬油　1½ 大匙
- 米酒　1 大匙
- 糖　½ 茶匙
- 白胡椒　¼ 茶匙

■ 作法：

1　備一深盆將豬絞肉、蛋汁、蔥薑蒜末及【調味料】混合均勻。

2　拿一雙筷子邊攪拌餡料邊加水，一次分量為 1 大匙等拌到水分完全吸收進餡料後再加 1 大匙。（總共約可以 2～3 大匙）。

3　取一只深碗內部抹上少許的香油，將鹹蛋黃放在碗底正中間處再將拌好的 肉餡倒入，蓋上保鮮膜輕輕壓緊後入電鍋蒸約 18 ～ 20 分鐘。

4　取一深盤將蒸好的肉餡倒扣即可。

[NOTE]

- 這樣的作法是可以讓鹹蛋鑲嵌入肉餡中，也可以省略步驟 3 直接把餡料放在深盤中上頭擺上鹹蛋黃入電鍋蒸熟即可。

- 蒸好的肉餡會帶上不少的湯汁，倒扣時要小心避免燙傷

PART **3**

麺食大集合

Noodle

沙茶醬拌麵

■ 材料：•青蔥 2大枝　•蒜末 1茶匙
　　　　•快煮麵 適量

醬料：

　　　•沙茶醬 1大匙　•醬油 2大匙
　　　•香油 1大匙　　•白醋 ½茶匙

■ 作法：

1　香油熱鍋，依序把蒜末、蔥花下鍋炒香。

2　「醬料」倒入並加入 1½ 大匙水至煮滾後關火。

3　將步驟 2 取適量拌在煮好的麵中即可。

[NOTE]

• 天熱時可以將煮好的麵條
  冰鎮再和沙茶醬料拌著一
  起吃也很優。

• 蒜、蔥末一定要先用油炒
  出香氣後再下其他的醬料
  一起煮喔～這樣煮出來的
  醬汁才會更香濃美味。

日式炒烏龍麵

■ 材料：
- 豬里肌肉絲　200g
- 青蔥　1 大枝
- 洋蔥　1 個
- 烏龍麵　2 人份（約 500g）
- 紅蘿蔔　1 小段
- 乾香菇　2 朵

【醃漬料】
- 醬油膏　1 大匙
- 香油　1 茶匙
- 白胡椒　¼ 茶匙
- 太白粉　少許
- 米酒　1 茶匙

【調味料】
- 昆布醬油　2 大匙
- 味醂　1 大匙
- 米酒　1 大匙

■ 作法：

1　將【醃漬料】加入肉絲中抓勻備用。

2　洋蔥、紅蘿蔔切絲；乾香菇泡熱水後切絲（香菇水留著）。

3　適量油熱鍋，依序下香菇、紅蘿蔔及洋蔥絲炒出香氣後再下醃好的肉絲炒到表面微焦香。

4　加入烏龍麵、【調味料】、5 大匙香菇水炒到收汁及烏龍麵至自己想要的軟硬程度、加入蔥段拌勻即可。

[NOTE]

- 烏龍麵是使用冷凍的，所以在最後拌炒的過程中要有一定的水分（香菇水）才能將麵條煮開喔。

南瓜麵疙瘩

[NOTE]

● 通常南瓜麵糰會做其他變
  化，所以會加上醒麵的步驟。
  如果只是利用煮成麵疙瘩，
  則成糰後直接按壓捏成麵疙
  瘩也可以。

■ 材料： ●中筋麵粉 120g   ●地瓜粉 30g
         ●南瓜泥 100g   ●鹽 少許
         ●溫水 20～30ml   ●油 1茶匙

■ 作法：

1   中筋麵粉過篩和地瓜粉、鹽混合均勻後加入南瓜泥、油和溫水搓揉成光滑的麵糰。（溫水
     的添加量要視南瓜泥水分含量而定，大致上只要揉成不沾手的麵糰就可以了）。

2   將麵糰放入深盆中蓋上保鮮膜靜置約2個小時。

3   取出適量麵糰，先搓揉成長條狀後再用手指按壓撕成一塊一塊的麵疙瘩即可。

南瓜麵疙瘩變化 - 奶油南瓜鍋餅 & 南瓜蔥油餅

■ 材料：●南瓜麵糰　90g　　　●無鹽奶油　15～20g　　　●白細砂糖　適量

■ 作法：

1 南瓜麵糰擀平呈長方形狀麵皮，擀的時候要多灑些手粉才會比較好操作，再刷上融化的無鹽奶油。

2 表面灑上白細砂糖。

3 再細細的捲起成棍狀。（裡頭的年輪狀越多層次會越分明）。

4 切成長約3～4公分的段狀（此步驟完成後若能分裝好一個一個的保存到冰箱中放上一晚隔天再煎，裡頭會更鬆軟喔）。

5 取步驟4一個小麵糰用手掌壓扁（大約一個都在直徑5公分內左右），放入用奶油熱的平底鍋中小火煎到兩面都金黃略焦香即可。

[NOTE]

● 步驟2中砂糖的量不能少，煎出來的鍋餅才會香甜。

● 相同的做法步驟2的餡料換成大量蔥末和胡椒也可以變化成南瓜口味的蔥油餅喔。

紅燒牛肉麵

■ 材料：
- 牛腱 1400g
- 蒜瓣 8 個
- 番茄 2～3 個
- 青蔥 1 大根
- 洋蔥 2 個
- 辣椒 1 根
- 老薑片 5 片

【調味料 A】
- 醬油 5 大匙
- 李錦記辣豆瓣醬 1 大匙
- 米酒 5 大匙
- 冰糖 1 大匙

【調味料 B】
- 醬油 9 大匙
- 番茄醬 1 大匙
- 米酒 2 大匙
- 滷包 1 個
- 冰糖 1 大匙

■ 作法：

1. 將牛腱走活水後，切成適當大小的塊狀。適量油熱鍋後依序將薑片、蒜瓣（先拍過）蔥段、辣椒下鍋爆香再下牛腱。翻炒幾下後加入【調味料 A】並炒出香氣。

2. 將步驟 1 全部移入燉鍋中，加入切塊的洋蔥、番茄及【調味料 B】。加水至食材都蓋住（食譜用量加了 1200ml 左右），大火煮滾後蓋上鍋蓋轉小火慢燉約 2 個小時即可。

3. 下個麵條燙點青菜，自家的無敵牛肉麵完成。

炸醬麵

■ 材料：
- ●豬絞肉　450g
- ●小黃瓜　1 根
- 【調味料】
- ●豆干　8 片
- ●麵　適量
- ●甜麵醬　3 大匙
- ●白胡椒粉　¼ 茶匙
- ●蒜末　2 大匙
- ●李錦記辣豆瓣醬　2 大匙
- ●五香粉　少許
- ●蔥末　2 大匙
- ●米酒　2 大匙
- ●醬油　1 大匙

■ 作法：

1　適量油熱鍋，依序把蒜末、蔥花下鍋炒香後下【調味料】中的辣豆瓣醬及甜麵醬，炒出香氣後再下豬絞肉和豆干丁並拌炒到肉末上色。

2　加入剩下的其他【調味料】和水250ml 中大火煮開後轉小火燜煮至醬汁略帶濃稠即可。

3　下麵條，淋上炸醬加上一些小黃瓜絲拌勻就完成嚕。

[NOTE]

- ●炸醬麵中的辣豆瓣和甜麵醬用熱油炒過再進行烹調是炸醬麵中香氣來源的重要步驟喔～

Noodle

香腸炒餅

■ 材料：
- 飛魚卵香腸 3～4 根
- 蔥油卷餅 2 張
- 辣椒 1 根

【調味料】
- 李錦記舊庄蠔油 1½ 大匙

- 高麗菜葉 5～6 大片
- 青蔥 1 大枝

- 辣椒醬 1 茶匙
- 白醋 1 茶匙

■ 作法：

1　高麗菜、青蔥、辣椒分別切絲備用。

2　蔥油卷餅和飛魚卵香腸分別煎香後切細條狀。

3　適量油熱鍋，下高麗菜絲拌炒出香氣後，再依序下香腸與卷餅絲及【調味料】，快速拌炒均勻後起鍋前再加入青蔥和辣椒絲快速翻炒幾下即可。

[NOTE]

- 香腸也可以用醃漬過的肉絲取代，但因為香腸本身的鹹度夠，所以在調味上下的較輕，如果是用肉絲可以依個人口味再作調整喔。

木須炒麵

■ 材料：
- 黑木耳 120g
- 蛋 2 個

【醃漬料】
- 豆芽 1 碟
- 豬肉絲 200g
- 醬油 1 大匙
- 米酒 1 茶匙

- 紅蘿蔔 20g
- 麵條 3～4 人份
- 椒鹽 適量
- 太白粉 ½ 茶匙

- 韭菜花 6～7 根
- 香油 1 茶匙

【調味料】
- 醬油 4 大匙
- 香油 1 茶匙
- 烏醋 1 大匙
- 辣椒醬 1 茶匙

■ 作法：

1　黑木耳、紅蘿蔔切細絲，蛋打勻煎成蛋皮後切絲、韭菜花切段，將【醃漬料】加入肉絲中拌勻備用。

2　起一鍋滾水，裡頭放 1 茶匙鹽和少許的油，將麵條放入煮到約 7 分熟即可撈起過冷水（麵芯帶點硬的程度）。

3　適量油熱鍋，先將肉絲大火快炒到 5～6 分熟盛起。

4　原鍋補上一點油依序將紅蘿蔔絲、韭菜花段、豆芽菜、黑木耳下鍋翻炒出香氣（可酌量加一點白胡椒提味）。

5　再將肉絲、麵條回鍋加入【調味料】翻炒幾下後再加蛋絲和辣椒絲翻幾次即可。

高麗菜焜麵

■ 材料：
- 蒜頭 10 個
- 關廟麵 3～4 人份
- 青蔥 2 大枝
- 高麗菜 ½ 個
- 雞肉絲 180g

【醃漬料】
- 醬油膏 1½ 大匙
- 香油 1 茶匙
- 白胡椒 適量
- 太白粉 1 茶匙
- 米酒 1 茶匙

【調味料】
- 昆布醬油 4 大匙
- 味醂 2 大匙
- 黑胡椒 適量

■ 作法：

1　青蔥切長段、蒜頭去皮，取一深鍋少量油小火將蒜頭和蔥段炒出香氣後再加入約 1600ml 的水中大火滾 5 分鐘。

2　加入高麗菜絲蓋上鍋蓋小火煮約 10 分鐘後將關廟麵直接放入煮到約 6 分熟。

3　再放入用【醃漬料】醃好的雞肉絲，待肉開始變白色時輕輕撥開並將【調味料】加入湯頭中，滾約 2～3 分鐘即可。

[NOTE]

- 這是道利用爆香後足量蒜頭＋高麗菜絲熬出來的高湯底，很適合沒時間慢火細煲大骨湯時應急用。湯頭鮮甜不油膩瘦身考量中的朋友們大推。

- 步驟 3 中的肉絲入鍋要等到開始轉白色再撥開喔～這樣才能保持湯頭的清澈。

PART 4

暖心暖胃的
湯品與鍋物

海鮮巧達濃湯

【NOTE】

- 濃湯鍋在煮的過程中要記得不時的攪拌，全程湯鍋的火候請維持在小火烹煮，完成的巧達湯就會香濃好喝～

- 蔬菜料可以再任意加上自己喜歡的組合（如西芹丁、綠花椰……等），蘑菇在最末的階段放和海鮮類同步煮熟，可以維持多汁和軟Q的口感喔！

■ 材料：

【白醬底】	●無鹽奶油　25g	●低筋麵粉　2大匙
【濃湯底】	●水　500ml	●鮮奶　200ml
【海鮮】	●蛤蜊（大）10個	●花枝　1尾
【蔬菜】	●馬鈴薯（中型）1個	●紅蘿蔔　1小段
【其他】	●培根　2片	●蒜末　1大匙
	●鹽　½小匙	●黑胡椒　適量

- 洋蔥丁　½個

- 草蝦仁　10隻
- 蘑菇　6朵
- 白酒　2大匙

【前置】

1　花枝背面劃花切片，蝦仁開背去腸泥，蛤蜊放進加了少許鹽的水中並靜置在陰暗處吐沙至少約2小時。

2　培根切末，馬鈴薯、紅蘿蔔切小丁，蘑菇切片備用。

■ 作法：

1　乾鍋直接下培根末炒出油脂後，將除了蘑菇外的蔬菜丁加入一起拌炒出香氣後盛起備用。

2　取一湯鍋，將【白醬底】中的奶油下鍋並加入洋蔥丁，小火炒到洋蔥略軟後加入低筋麵粉，快速拌炒呈團狀後，邊攪拌邊加入【濃湯底】至湯呈略濃稠狀加入炒好的步驟1小火慢煮。

3　少量油熱炒鍋，將蒜末炒香後，依序下花枝、蝦仁、和蛤蜊，加入白酒和少量的海鹽炒到蝦仁開始變色即可連湯汁一起倒入步驟2的湯鍋中。

4　最後再將蘑菇片加入，煮約莫5～6分鐘至蛤蜊殼完全打開，起鍋前再加入鹽和黑胡椒提味即可。

玉米濃湯

■ 材料：
- 無鹽奶油 30g
- 洋蔥 ½ 個
- 鹽 適量

- 低筋麵粉 25g
- 蘑菇 2～3 朵
- 黑胡椒 適量

- 火腿 60g
- 水 300ml

- 甜玉米粒 6 大匙
- 鮮奶 300ml

■ 作法：

1　無鹽奶油熱鍋至融化時放入切好的洋蔥末中小火拌炒出香氣後，加入低筋麵粉快速拌炒到糊狀。

2　邊攪拌邊加入水和鮮奶，小火煮至濃稠後加入甜玉米粒、火腿丁和蘑菇片煮滾。

3　起鍋前再加上鹽巴和調味料即可。

【NOTE】

● 玉米粒最後放能保有鮮甜的口感，火腿切丁時需帶點厚度因此選購時以圓柱或塊狀的火腿切丁較佳，三明治火腿片在玉米濃湯的搭配中會略顯單薄喔～

羅宋湯

■ 材料： ●牛肋條 300g
●馬鈴薯 1 個
●洋蔥 1 個
●紅蘿蔔 ½ 根
●辣椒 1 根
●鹽 1 茶匙
●月桂葉 4 片

●番茄 2 個
●高麗菜葉 5～6 大片
●西芹 2 根
●蒜末 1 大匙
●番茄糊 5 大匙
●黑胡椒 ½ 茶匙

[NOTE]

● 走活水是指將肉類放入熱水中，小火維持水將滾未滾的狀態，將肉質中的雜質逼出，能非常有效的解除一般常有的肉腥味。

● 牛肋在烹煮過程中肉質會收縮，所以一開始切的時候可以切成稍大的塊狀喔。

■ 作法：

1 牛肋條切適當大小塊狀走活水去除雜質後撈起備用。

2 所有蔬菜類切成大丁狀，適量橄欖油熱鍋後爆香蒜末，再加入洋蔥和其他蔬菜丁及番茄糊拌炒出香氣。

3 取一只大湯鍋將步驟 1 和 2 倒入後，加入月桂葉和 1000ml 的水，中大火將湯汁煮滾後轉小火蓋上鍋蓋燜煮 1.5～2 小時。

4 起鍋前再加鹽和胡椒調味即可。

奶油燉菜

■ 材料：
- 洋蔥 ½ 個
- 馬鈴薯 2 個
- 紅蘿蔔 1 根
- 蘑菇 5 朵
- 花椰菜 5～6 小株
- 去骨雞腿排 2 片
- 牛奶 200ml
- 奶油濃湯湯塊 180g
- 蒜末 1 茶匙

【調味料】
- 白酒 1 大匙
- 鹽 ¼ 茶匙
- 黑胡椒 ½ 茶匙

■ 作法：

1 適量油熱鍋將蒜末爆香後炒洋蔥丁至微軟，再下切成一口大小的雞腿肉丁及【調味料】炒至雞肉約 7 分熟。

2 起一鍋滾水（水量約 700～800ml）將切成小塊丁狀的紅蘿蔔及馬鈴薯下鍋煮軟後再將步驟 1 及蘑菇丁加入，蓋上鍋蓋小火燜煮約 15 分鐘。（邊煮邊將浮在水面上的渣渣撈掉）。

3 加入切碎的濃湯塊拌勻後再加入鮮奶和事先燙好的花椰菜，小火邊攪拌邊煮到小滾，上桌前依個人喜好撒上黑胡椒、洋香菜或起司絲即可。

【NOTE】

- 喜歡帶點雞皮香氣的朋友可以先將雞腿排整片皮面朝下煎到金黃焦香後再切小塊狀做後續的烹調。

- 鮮奶入鍋後維持小火烹煮即可。

蒜頭香菇雞湯

■ 材料：●土雞雞腿 1大隻　　●蒜頭 20g
　　　　●乾香菇 20g　　　　●老薑片 5～6大片
　　　　●蛤蜊 10個　　　　●枸杞 1小碟
　　　　●紅棗 4顆
　　　　【調味料】　　　　●料理湯頭酒 2大匙
　　　　　　　　　　　　　●鹽 ½ 茶匙

■ 作法：
1　雞腿塊汆燙去血水，香菇泡熱水備用。
2　一大匙麻油熱鍋，先將老薑片煸香後放入蒜頭小火拌炒出香氣，再將雞腿塊放入拌炒至肉質開始變色。
3　起一鍋滾水＋泡香菇水共約900ml，步驟2和香菇、紅棗及料理湯頭酒放入煮開後轉小火滾約45分鐘，再將吐好沙的蛤蜊、枸杞放入煮到蛤蜊殼打開起鍋前加上鹽巴調味即可。

【NOTE】

●煸香老薑片和蒜頭時小火即可避免將蒜頭弄焦，整顆去皮蒜頭煲湯可以讓湯頭更清甜。

●紅棗下鍋前可以用手指掐出裂縫，會更容易出味，害怕燥熱的朋友請將紅棗核去掉。

●料理湯頭酒也可以用一般米酒取代，但因為湯頭酒本身帶有鹹味，所以使用其他酒時最後的調味要再自行斟酌調整喔。

南瓜濃湯

■ 材料：●南瓜　200g　●馬鈴薯　1 個　（約 200g）　●洋蔥　½ 個
　　　　●奶油塊　20g　●鮮奶　100ml
　　　　【調味料】　●鹽　½ 茶匙　　　●黑胡椒　適量　　　●洋香菜　適量

■ 作法：

1　奶油塊熱鍋後將洋蔥絲炒到呈透明狀再下馬鈴薯和南瓜丁一起翻炒出香氣。

2　加入 450ml 的水，中大火煮滾後轉小火蓋上鍋蓋燜煮約 15 分鐘。

3　步驟 2 放稍涼放入果汁機或食物處理機打成濃湯狀後倒回鍋中。

4　慢慢加入 100ml 的鮮奶，小火邊攪拌邊煮到微滾，加入【調味料】即可。

【NOTE】

● 馬鈴薯和南瓜切成小塊狀可以節省烹煮的時間。

● 加入鮮奶後必須維持小火才不會發生奶水分離的狀況唷～喜歡湯頭更濃郁，可以將鮮奶換成一半分量的鮮奶油。

洋蔥嫩雞湯

■ **材料**：•去骨雞腿排 1 片　•洋蔥 ½ 個　•乾香菇 5 朵
　　　　•青蔥絲 適量

　　　【調味料】　　•鹽 ½ 茶匙　•味醂 1 大匙
　　　　　　　　•米酒 1 大匙　•黑胡椒 適量

[NOTE]

•煎好的雞腿排皮面朝下會比較容易下刀切成丁塊狀喔。

■ **作法**：

1　乾香菇泡熱水後切片備用（香菇水保留）。

2　乾鍋將去骨雞腿排皮面朝下煎到金黃微焦後取出並切成一口大小。

3　用煎雞腿排逼出的油將洋蔥絲炒香，切好的雞腿肉丁下鍋一起翻炒出香氣再移到湯鍋中。

4　水＋泡香菇水約 600ml 倒入湯鍋中並放香菇片，加入除了鹽之外的【調味料】中大火煮滾後轉小火燜煮約 15 分鐘關火。

5　起鍋前加入【調味料】中的鹽即可。

和風味噌什錦湯

■ 材料：•去骨雞腿排 1 片 •紅蘿蔔 30g •雪白菇／鴻禧菇 80g •菠菜 1 大枝
•青蔥 1 大枝
【調味料】 •味噌 1 大匙 •李錦記舊庄蠔油 1 大匙 •米酒 1 大匙

■ 作法：

1　取一平底鍋將雞腿排皮面朝下煎到金黃微焦後盛起切成一口大小備用。

2　直接用煎雞腿排逼出的油將切小塊的紅蘿蔔和蔥段拌炒出香氣後放入湯鍋中。

3　湯鍋加入約 500ml 滾水煮滾，將味噌隔著濾網均勻溶解在湯中後再把步驟 1 的雞腿丁及切成適當大小的雪白菇／鴻禧菇放入並加入其他【調味料】。

4　起鍋前再把菠菜段放入鍋中略微滾一下，撒上蔥末提味即可。

【NOTE】

• 切雞腿排時請記得皮面朝下，刀子從肉的地方下刀就比較不會皮肉分離嚕～

韓式辣味大醬湯

[NOTE]

- 湯底最後也可以加上冬粉一起煮,韓式辣味冬粉也超美味。

- 把蔬菜類的食材切成稍具厚度的片狀取代塊狀可以有效縮短烹煮時間,是很適合在大鍋煮什菜湯中使用的烹調方法。

■ 材料:
- 白蘿蔔 400g
- 紅蘿蔔 30g
- 老薑片 3 片
- 【調味料】
- 大白菜葉 3 片
- 小黃瓜 1 根
- 蛤蜊 15 個
- 味噌醬 1½ 大匙
- 豬五花薄片 200g
- 洋蔥 ½ 個
- 糯米椒 2 根
- 韓式辣醬 50g
- 豆腐 1 塊
- 蔥段 1 小把
- 辣椒 1 根
- 洗米水 800ml

■ 作法:

1　白／紅蘿蔔、小黃瓜、洋蔥切片狀,豆腐切塊備用。

2　適量油熱深鐵鍋或陶鍋,依序將老薑片、蔥段、洋蔥下鍋翻炒出香氣後,再下白、紅蘿蔔、小黃瓜拌炒幾下後加入洗米水中大火煮滾後放入大白菜片、豆腐塊轉小火蓋上鍋蓋滾約 15 分鐘。

3　將【調味料】中的味噌及辣醬隔濾網溶解在湯中,肉片下鍋待肉片開始變色後再輕輕撥開並將糯米椒和辣椒段下鍋。

4　最後放上蛤蜊煮到殼打開,隨意撒上蔥、辣椒、及糯米椒絲即可。

泡菜味噌豬肉湯

材料：
- 豬里肌火鍋肉片 300g
- 金針菇 1 把
- 米酒 3 大匙
- 大白菜 半個
- 蒜末 1 大匙
- 排骨高湯 1500ml
- 白蘿蔔 1 小根
- 味噌醬 3 大匙
- 嫩豆腐 1 盒
- 韓式辣椒醬 50g

作法：

1. 取一只深湯鍋少量油熱鍋後炒香蒜末再將味噌、韓式辣椒醬、及米酒下鍋拌炒出香氣後加入高湯煮滾。

2. 大白菜、白蘿蔔切片狀放入，轉小火燜煮約 15 分鐘。

3. 再將豆腐切小塊、金針菇、泡菜放入鍋中煮滾，最後加入火鍋肉片待肉熟透即可。

[NOTE]

- 排骨高湯亦可用清水取代，另外因為大白菜在燉煮後出水量很高，所以一開始的水量大致就到湯鍋的 7～8 分滿就可以了。如此燉煮出來的菜汁也成為湯底的一部分使湯頭更為鮮甜。

蓮子薏米排骨湯

■ 材料： ● 子排 350g   ● 新鮮蓮子 150g
         ● 洋薏仁 100g   ● 紅棗 4 個
         ● 醋 1 茶匙   ● 米酒 2 大匙
         ● 老薑片 3 片   ● 鹽 ½ 茶匙

■ 作法：

1　湯鍋內放 900ml 的水，將汆燙過的子排、薑片、白醋放入後煮滾撈去浮渣，再將洋薏仁和米酒、紅棗放入煮滾後轉小火燜煮約 40 分鐘。

2　將新鮮蓮子放入煮約 15 分鐘後加上鹽巴調味即可。

[NOTE]

● 當季的新鮮蓮子是很容易烹煮的，大約下鍋 10 ～ 15 分鐘就會非常鬆軟，所以入鍋時間不要太長才能保持比較完整的口感～另若一次買較大分量的蓮子，可以分裝好放在冷凍庫中保存，一個月內都還可以隨時再拿出來烹調喔！

咖哩麻辣魚片鍋

■ 材料：
- 蝦子 150g
- 鯛魚片 300g
- 咖哩粉 1½ 大匙
- 李錦記川式麻辣醬 2 茶匙
- 洋蔥 1 個
- 蒜末 1 大匙
- 蛤蜊 10～15 個
- 豆腐 適量
- 金針菇 1 把
- 小白菜 1 小碟
- 火鍋料 適量
- 【調味料】
- 米酒 2 大匙
- 檸檬汁 1～2 大匙
- 番茄醬 2 大匙

■ 作法：

1　適量油熱鍋將蒜末爆香後下洋蔥絲炒到略透明狀，再將蝦頭放入一起拌炒至蝦頭轉呈紅色。

2　咖哩粉和李錦記川式麻辣醬放入鍋中一起翻炒均勻。

3　步驟 2 移入湯鍋中並加入約 1000ml 水和【調味料】，中大火煮滾後轉小火燜煮約 20 分鐘。

4　將熬煮過的蝦頭挑出，麻辣咖哩湯底完成。

5　依序放入豆腐、火鍋料、金針菇、蛤蜊、魚片和小白菜，待蛤蜊殼都打開後即可上桌。

香蒜麻辣手打丸子鍋

■ 材料：

【手打丸子】
- 雞胸肉 300g
- 青蔥末 2 大匙

【湯底】
- 大蒜葉（只取蒜白部分）1 大根
- 李錦記川式麻辣醬 2 茶匙
- 大白菜 300g

【醃漬料】
- 李錦記舊庄蠔油 2 大匙
- 米酒 1 大匙
- 蛋 1 個
- 白胡椒 ½ 茶匙
- 油蔥酥 1 大匙
- 地瓜粉 2½ 大匙

【火鍋配料】
- 香菇 4 朵
- 紅蘿蔔 適量
- 玉米 1 根

【NOTE】

自製的麻辣版火鍋沾醬：
- 李錦記川式麻辣醬 ¼ 茶匙
- 沙茶醬 1 茶匙
- 白醋 1 大匙
- 香菜末（或蔥末）適量

以上材料拌勻即可。

■ 作法：

1　將雞胸肉剁碎後和蔥末、【醃漬料】充分抓勻並靜置約 15 分鐘入味。

2　適量油熱鍋，將切片的大蒜葉下鍋炒出香氣後再將李錦記川式麻辣醬下鍋一起翻炒均勻。

3　加入水約 500ml 中大火煮滾後轉小火燜煮約 5 分鐘。

4　放稍涼後放入果汁機或食物處理機攪打成濃湯狀。

5　將步驟 4 倒回大鍋中，加入約 450ml 的水和切成片狀的大白菜一起熬煮約 10 分鐘。

6　湯頭滾後轉中小火，取出步驟 1 調好的肉丸子餡料甩出黏稠度並用手捏成丸子狀下鍋。丸子下鍋時請勿翻動，待轉成白色定型時再輕輕翻動讓丸子四面受熱均勻。

7　手打丸子都下鍋後將準備好的火鍋料（玉米、紅蘿蔔、香菇…）等下鍋一起煮約 10 分鐘即可。

檸檬雞湯

■ 材料：●去骨雞腿排 1 片

【蔬菜料】 ●番茄 1 個　　　　●洋蔥 ½ 個
　　　　　●紅蘿蔔 1 根　　　●西芹 1 根

【調味料】 ●月桂葉 3 片　　　●鹽 1 茶匙
　　　　　●檸檬汁 2 大匙　　●白胡椒 適量

【其他】　●香菜末 適量　　　●青蔥末 適量

【NOTE】

●喜愛偏酸口味的朋友可以在
　上桌前再擠上約半顆檸檬汁
　的量喔！

■ 作法：

1　將所有【蔬菜料】切成小丁塊狀，放入湯鍋中並加入約 900ml 的水，煮滾後轉小火蓋鍋
　　蓋燜煮約 10 分鐘。

2　再加入切成一口大小的去骨雞腿排及【調味料】，滾後撈去湯表面雜質再蓋起鍋蓋小火煮
　　約 15 分鐘。

3　起鍋前撒上適量的香菜與青蔥末提味即可。

台式酸辣湯

■ 材料：
- 豬肉絲　160g
- 黑木耳　60g
- 紅蘿蔔　30g
- 板豆腐　100g
- 香菇　30g
- 蛋　1 個

【調味料】
- 李錦記舊庄蠔油　2½ 大匙
- 白胡椒　¼ 茶匙
- 白醋　2½ 大匙

【醃漬料】
- 醬油　1 大匙
- 太白粉　¼ 茶匙
- 香油　1 大匙
- 米酒　1 茶匙

■ 作法：

1　將【醃漬料】加入豬肉絲中抓勻，其他蔬菜料都切細絲備用。

2　適量油熱陶鍋，依序將紅蘿蔔、豬肉絲、及香菇絲下鍋炒香加水約 900ml 煮滾後轉小火。

3　再下黑木耳及【調味料】邊煮邊輕輕攪拌均勻。

4　用適量的太白粉水勾薄芡後，下豆腐絲輕輕拌勻再下打散的蛋汁。

5　待蛋絲凝固後即可關火。上桌前撒上一些香菜末提味即可。

【NOTE】

- 害怕豆腐絲碎裂的朋友可以先將豆腐絲過鹽水汆燙後撈起再下鍋一起烹煮。

- 食譜上使用的是新鮮的黑木耳，所以不需要過度烹煮以保持脆嫩的口感，如果使用的是乾木耳請先泡水泡開後，步驟 2 和其他蔬菜料下鍋一起炒香。

- 嗜酸的朋友別忘了加上一些起鍋醋喔～

Pickling

涼拌小黃瓜

■ 材料：
- 小黃瓜 2 根
- 辣椒末 適量
- 蒜末 1 大匙

【調味料】
- 砂糖 2 茶匙
- 白醋 1 茶匙
- 鹽 1 茶匙
- 香油 1 大匙

[NOTE]

- 小黃瓜的挑選以外型圓直、外皮凸起刺明顯、顏色青綠者口感較為清脆鮮嫩喔。

■ 作法：

1　將小黃瓜洗淨，用刀背拍出裂縫後切成適當長度。

2　將鹽巴加入抓一抓去除澀水。

3　辣椒末、蒜末及【調味料】加入後拌勻，再放置冷藏至少約半小時後即可。

台式泡菜

材料：
- 高麗菜 半個（約 500～600g）
- 蒜頭 10～15 個
- **【醃製醬汁】**
- 鹽 2 大匙
- 酸梅 5 個
- 白細砂糖 150g
- 紅蘿蔔 1 根
- 檸檬 1 個
- 白醋 200ml
- 蜂蜜 1 大匙
- 辣椒 1 根

作法：

1 取一小鍋將【醃製醬汁】的材料通通放入後加水約 120ml 煮滾放涼備用。

2 高麗菜洗淨後切成適當大小的片狀，取一深盆放入並將鹽巴加入拌勻靜置約 10 分鐘。

3 用雙手將高麗菜片用力擠壓出水分後沖冷開水備用。

4 再把紅蘿蔔絲、辣椒片、蒜頭、除去澀水的高麗菜放入大盆中充分混合均勻。

5 事先備好的玻璃罐燙過開水後充分烘乾。放入步驟 4 的材料，再將已經放涼的【醃製醬汁】到入罐中填滿後擠上檸檬汁便可密封放入冰箱靜待 2～3 天後就完成嚕～

[NOTE]

- 用雙手擠壓出澀水後的高麗菜口感會比靜置出方式來得更加爽脆喔！大推！

黃金泡菜

■ 材料：
- 大白菜 1 顆
  【醃製醬汁】
- 紅蘿蔔 1 根（約100g）
- 蒜頭 20g
- 辣豆腐乳 4 塊
- 鹽 ½ 茶匙
- 鹽 2 大匙
- 白細砂糖 70g
- 香油 2 大匙
- 白醋 110ml
- 辣椒粉 適量

■ 作法：

1　大白菜洗淨後切成適當大小的片狀取一深盆放入並將鹽巴加入拌勻靜置約 20 分鐘。

2　用雙手將大白菜片用力擠壓出水分後沖冷開水備用。

4　將紅蘿蔔刨絲後取約 30g 出來備用。剩下的紅蘿蔔絲和其他的【醃製醬汁】材料一起倒 進食物處理機或果汁機裡打成泥狀。

5　大白菜、事先預留好的紅蘿蔔絲和步驟 4 打好的醃漬泥混合均勻。

6　事先備好的玻璃罐燙過開水後充分烘乾。放入步驟 5 便可密封放入冰箱靜待 1 天後就完成嚕～

涼拌黑木耳

■ 材料：
- 新鮮黑木耳 150g
- 嫩薑　1 小塊
- 辣椒絲　適量
- 香菜末　適量

【調味料】
- 香油　2 大匙
- 白細砂糖　1 大匙
- 白醋　1 大匙
- 烏醋　1 大匙
- 醬油膏　2 大匙

■ 作法：

1　黑木耳整片放入加了少許鹽的滾水中汆燙後撈起冰鎮。

2　冰鎮好的黑木耳撕成易入口的大小，和嫩薑絲、辣椒絲、香菜末及【調味料】拌勻後冷藏約 30 分鐘入味即可。

[NOTE]

- 黑木耳汆燙的時間不宜過久，撈起後要馬上進冰塊水中冰鎮就能保持爽脆的口感喔。

蜂蜜醃檸檬

■ 材料：•檸檬 2 個　　•蜂蜜 200ml　　•鹽 適量

[NOTE]

• 泡的檸檬片盡量避免超過 3
  天以上，否則罐內的蜂蜜會
  跟著發苦喔～

• 挑起的檸檬片切成小塊可以
  加入生菜沙拉中一起食用，
  也別具風味。

■ 作法：

1　檸檬洗淨後適量鹽沾滿檸檬表面，兩顆檸檬互相摩擦將表面雜質去除。

2　用冷開水將檸檬表面的鹽分沖掉取廚房紙巾將水分吸乾後切成片。

3　取 1～2 片檸檬鋪在玻璃罐的底部後淋上適量的蜂蜜，如此重複動作到玻璃罐約 8 分滿。

4　密封罐子後上下輕搖晃使蜂蜜能均勻分布在檸檬片內便可以放置冰箱中冷藏。

5　約莫 2～3 天將檸檬片取出，罐內蜂蜜和檸檬自然釋放出來的水分結合成自然的蜂蜜檸
　檬直接對水變成蜂蜜檸檬水或加入茶飲中都很優。

蘆筍醬拌雞絲

■ 材料：
- 蘆筍 1 把
- 【調味料 A】
- 【調味料 B】

- 雞胸肉 150g
- 香油 1 大匙
- 香油 1 大匙
- 辣椒醬 ½ 茶匙

- 辣椒絲 適量
- 蒜泥 1 茶匙
- 醬油 2 茶匙
- 白醋 2 茶匙

- 白芝麻 適量

- 味醂 1 茶匙

■ 作法：

1　將雞胸肉整塊放入加了少許鹽的滾水中煮熟後撈起放涼再用手撕成雞絲並加入【調味料 A】拌勻。

2　用刀尖將蘆筍較粗的纖維部分刮一刮後切成適當長度，另起一鍋滾水將蘆筍段燙熟撈起瀝乾，再將【調味料 B】加入拌勻。

3　取一大碗將步驟 1、2 混合均勻後撒上辣椒絲和白芝麻即可。

[NOTE]

- 蘆筍因為想取其鮮嫩的綠色和清甜的原味，所以和雞絲在拌醬上是分開處理後再合併的，一次將所有食材與拌醬全部混合的偷懶版省事作法也是可以的。

涼拌塔香茄子

■ 材料：•茄子 1 條　　•九層塔 1 大把　　•蒜末 1 大匙　　•辣椒末 適量
　　　　【涼拌醬料】•和風醬油 1 大匙　　•香油 1 茶匙　　•白醋 1 茶匙

■ 作法：

1　起一大鍋水（水量要足），水中加 1 茶匙鹽和少許白醋煮滾後將茄子放入，上頭壓有重量的盤子讓茄子可以整根浸泡在水中，煮約 7～8 分鐘即可撈起切成適當長度後冰鎮。

2　將【涼拌醬料】調好，取一大碗和茄子、九層塔末、蒜末、辣椒末拌勻即可。

[NOTE]

關於紫茄不變黑：茄子的紫色會轉黑往往是因為烹煮完畢後氧化或過度加熱導致，大略有三種方式可以避免：

• 水煮法：食譜文中所提，重點在於水量一定要足夠，要能淹蓋住整根茄子，因為茄子本身很輕入鍋非常容易浮起，所以上頭壓重物是必要的喔。

• 電鍋法：茄子入電鍋蒸，先切段泡鹽水，瀝乾後表面刷一層薄薄的油，大約水滾蒸 10 分鐘就可以了。蒸好的茄子一定要馬上從電鍋中取出避免鍋中餘熱讓茄子持續受熱而轉黑。

• 過油法：為了避免使用大量油油炸，可以將茄子先對切後再切成適當長度，下鍋時一定要紫色面朝下即可。（但因為茄子吃油量重，所以在料理是拌菜形式時我都會以前 2 種處理方法為主）。

香辣魚露四季豆

■ 材料：●四季豆 1 把　　●蒜末 1 大匙
　　　　●蔥末 1 大匙　　●辣椒末 1 大匙
　　　　●花生米 適量
　　　　【調味料】　　●魚露 2 大匙
　　　　　　　　　　●醬油 1½ 大匙
　　　　　　　　　　●糖 ½ 茶匙
　　　　　　　　　　●香油 1 大匙
　　　　　　　　　　●白醋 1 大匙

[NOTE]

●四季豆去頭尾時可以順帶將
　兩側較粗的纖維去掉，這樣
　口感會更脆嫩喔！

■ 作法：

1　四季豆洗淨後去頭尾，用手折成適當長度，放入加了少許鹽的滾水中氽燙後撈起冰鎮。

2　加入蒜、蔥、辣椒末和【調味料】充分拌勻。上頭再隨意撒上敲碎的花生米即可。

涼拌海帶芽

■ 材料：
- 新鮮海帶芽 250g
- 嫩薑 3～4 片
- 辣椒絲 適量
- 白芝麻 適量

【調味料】
- 麻油 1 茶匙
- 白細砂糖 ¼ 茶匙
- 白醋 1 大匙
- 李錦記香菇素蠔油 1½ 大匙

■ 作法：

1　海帶芽放入加了少許鹽的滾水中汆燙後撈起冰鎮。

2　冰鎮好的海帶芽和嫩薑絲、辣椒絲、及【調味料】拌勻後灑上白芝麻提味即可。

蜜紅蘿蔔

■ 材料：
- 紅蘿蔔 400g
- 白細砂糖 150g
- 話梅 8～10 顆
- 檸檬汁 半顆

■ 作法：

1　先將紅蘿蔔洗淨削皮後切成適當大小的塊狀。

2　取一個深盆將紅蘿蔔、白細砂糖、話梅、檸檬汁混合均勻後膜上保鮮膜放冰箱靜置至少半天以上。（分量很多的時候記得採一層紅蘿蔔一層白細砂糖搭配話梅堆疊的放會比較均勻喔！）

3　放了半天後的紅蘿蔔會自然釋放出水分，取一只深鍋將步驟 3 連同泡出來的蜜汁一起入鍋，加水至覆蓋住所有紅蘿蔔後煮滾轉小火慢煮到紅蘿蔔裡頭軟透即可。

梅漬嫩薑黃瓜薄切

■ 材料：
- 小黃瓜 1 根
- 嫩薑 1 塊（約 40g）
- 鹽 ½ 茶匙
- 糖 1 大匙
- 白醋 1½ 大匙
- 梅粉 ½ 茶匙

■ 作法：

1　小黃瓜洗淨用刨刀刨成薄片，加鹽後將澀水抓出。

2　再將嫩薑刨成薄片加入。（如果可以吃較辛辣口感的則可改用切片方式）。

3　糖、白醋、梅粉加入混合均勻後放入冷藏。入味即可享用。

PART 6

入門海鮮料理

Seafood

清蒸鱈魚

■ 材料：
●鱈魚排 2 片　　　●薑末 1 茶匙　　　　　　●蒜末 1 大匙
●青蔥絲 適量　　　●辣椒絲 適量
【調味料】　　　　●李錦記蒸魚醬油 2 大匙　●米酒 1 大匙
　　　　　　　　　●白胡椒 ¼ 茶匙

■ 作法：
1　將鱈魚排用廚房紙巾吸乾水分後，薑末、蒜末及【調味料】均勻塗在魚排上。
2　放到電鍋中蒸約 12 分鐘。
3　上桌前再撒上青蔥和辣椒絲提味即可。

檸檬胡椒蝦

■ 材料：•新鮮草蝦 300g　　•蒜末 1 大匙　　　•香菜 適量
　　　　【調味料】　　　•檸檬汁 1½ 大匙　•米酒 1 大匙
　　　　　　　　　　　•原味椒鹽 1 茶匙

■ 作法：

1　將草蝦洗淨後，長鬚的部分剪掉。

2　適量油熱鍋將蒜末爆香後下草蝦，大火翻炒到蝦開始
　轉紅從鍋邊嗆入米酒。

3　快速翻炒幾下後下檸檬汁和椒鹽，翻鍋到收汁。

4　上桌前撒上適量的香菜末提味，隨盤再附上檸檬片食
　用前擠上一點檸檬汁更對味！

【NOTE】

• 此道料理除了檸檬的酸味之外都是靠椒鹽帶出香氣，所以椒鹽的用量不能太少喔～

• 新鮮海鮮要避免過度烹煮，料理過程中盡量維持中大火，才能吃出鮮甜喔！

涼拌五味魷魚

■ 材料：
- 魷魚 100g
- 蒜末 1 大匙

【涼拌醬汁】
- 老薑片 3 片
- 蔥末 2 大匙
- 醬油 1 大匙
- 白醋 1½ 大匙
- 香油 1 大匙
- 米酒 1 大匙
- 辣椒末 適量
- 甜辣醬 1 大匙
- 糖 ½ 茶匙

■ 作法：

1　起一鍋滾水放入老薑片和米酒，將切好的魷魚丟入汆燙至熟即撈起放入冰水中。

2　取一只深碗將【涼拌醬汁】調好。冰鎮好的魷魚瀝乾後，和【涼拌醬汁】、蔥末、蒜末、辣椒末一起拌勻就完成嚕。

三杯中卷

■ 材料：
- 中卷　180g
- 【醃漬料】
- 【調味料】

- 乾辣椒　3～4 根
- 蒜末　1 大匙
- 醬油　1½ 大匙
- 糖　少許

- 九層塔　1 大把
- 米酒　1 大匙
- 麻油　1 大匙
- 椒鹽　適量

- 蒜末　1 茶匙
- 椒鹽　適量
- 米酒　1 大匙

■ 作法：

1　將中卷洗淨切成適當大小後，【醃漬料】加入抓勻靜置約 15 分鐘。

2　適量油熱鍋後先將蒜末炒香，下中卷翻炒幾下，沿鍋邊嗆入【調味料】中的米酒後大火翻炒出香氣，再加入其他【調味料】及九層塔和乾辣椒，起鍋前淋上麻油翻幾下就完成嚕～

[NOTE]

- 中卷也可以換成小卷或魷魚，都很美味。

Seafood

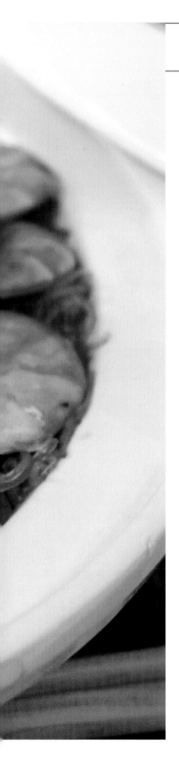

鮮蝦粉絲煲

■ 材料：
- 鮮蝦 350g
- 粉絲 2 把
- 蒜末 2 大匙
- 薑末 1 大匙
- 蔥末 2 大匙
- 椒鹽 適量

【調味料】
- 李錦記舊庄蠔油 2½ 大匙
- 醬油膏 1 大匙
- 烏醋 1 大匙
- 辣椒醬 1 茶匙
- 水 200ml
- 米酒 1 大匙

■ 作法：

1　鮮蝦剪去長鬚挑腸泥。 適量油熱鍋，將一半分量的蒜末和薑末爆香，鮮蝦下鍋加入椒鹽和少許酒大火快炒變成紅色後撈起。

2　砂鍋放入水和除了米酒之外的【調味料】煮滾後，將事先泡軟並剪成 2～3 段的粉絲下鍋煮到收汁約 8 成。

3　再將蝦子排在粉絲上頭。利用原本爆炒鮮蝦鍋內殘存的油將剩下的蒜、薑末以及蔥末爆香後放在最上面。

4　淋上 1 大匙米酒後蓋上鍋蓋轉中大火燜個約 1 分鐘（粉絲會將鍋中的醬汁收乾）即可。

蒜味醬蒸魚片

■ 材料：白肉魚片 180g

【醃漬料】
● 薑泥 1 茶匙
● 米酒 1 大匙
● 鹽 少許
● 香油 1 茶匙

【蒜味醬】
● 醬油膏 1½ 大匙
● 白醋 1 大匙
● 蒜末 1 大匙
● 辣椒末 適量
● 糖 ¼ 茶匙
● 香油 1 茶匙
● 香菜末 適量

[NOTE]

● 先將魚片用不帶醬色的醃漬料稍許調味蒸好後再拌醬汁可以讓白色的肉質不致在蒸煮的過程中吃了過重的醬色，小小宴客時擺盤更美觀大方。

■ 作法：

1　魚片用廚房紙巾將多餘的水分吸乾後，片成帶有一點厚度的寬片，並和【醃漬料】混合均勻。

2　取一只有深度的盤子將魚片排好並放入電鍋中蒸約 12 分鐘後取出。

3　將【蒜味醬】調勻後淋在蒸好的魚片上，再隨意灑上一些香菜、辣椒末提味即可。

鳳梨蝦球

■ 材料：
- 蝦仁 250g
- 【醃漬料】
- 鳳梨片 120g
- 太白粉 5 大匙
- 美乃滋 1 茶匙
- 鹽 ¼ 茶匙
- 米酒 1 大匙
- 香油 1 茶匙
- 玉米粉 1 茶匙
- 白胡椒 適量
- 蛋黃 1 個
- 【調味料】
- 美乃滋 3 ½ 大匙
- 檸檬汁 2 大匙

■ 作法：

1　蝦仁開背去腸泥後和【醃漬料】抓勻靜置約 15 ～ 20 分鐘入味。

2　將醃好的蝦仁沾上薄薄的太白粉後下油鍋炸至顏色完全轉紅即可撈起瀝油。

3　另起一炒鍋，將【調味料】中的美乃滋放入後小火炒到融化，再加入檸檬汁、蝦仁和鳳梨片，輕輕拌炒幾下使濃稠的醬汁均勻吸附在蝦仁上即可。

4　上桌前隨意擠上一些美乃滋更美味。

【NOTE】

- 若想做成甜味偏重一些，【調味料】中的檸檬汁可以用 1 大匙檸檬汁 + 1 大匙罐頭鳳梨中的蜜汁取代。

蒜香奶油蝦仁

■ 材料：
- 蝦仁 200g
- 奶油 2茶匙
- 香菜 適量
- 【醃漬料】

- 蒜末 1½ 大匙
- 洋蔥 ½ 個
- 青蔥 1枝
- 米酒 1大匙
- 鹽 ¼ 茶匙
- 白胡椒 ¼ 茶匙
- 太白粉 少許

- 【調味料】
- 梅林辣醬油 1½ 大匙

【NOTE】

- 奶油熱炒鍋時火候不宜太大，否則很容易燒焦。擔心不好操作時也可以在奶油熱鍋時混合少許橄欖油即可避免。

■ 作法：

1　蝦仁開背去腸泥後和【醃漬料】抓勻備用。

2　奶油熱炒鍋，將洋蔥絲炒到略呈透明狀後盛起。

3　原鍋補上少許油將蒜末炒香後下蝦仁，中大火炒到蝦仁開始轉紅色時下步驟2好的洋蔥絲及【調味料】快速翻炒，起鍋前再加入蔥段拌炒幾下。

4　盛盤後隨意放上一些香菜末即可。

味噌烤鮭魚

■ 材料：●鮭魚 1 片　　●薑泥 1 茶匙　　●米酒 1 大匙
　　　　【調味料】　　●辣味噌 1 大匙　●醬油膏 1 大匙
　　　　　　　　　　●蜂蜜 少許　　　●白醋 1 茶匙

■ 作法：

1　鮭魚洗淨後用廚房紙巾吸乾水分，表面肉質較厚的
　　部分可以輕劃幾刀再均勻抹上薑泥和米酒靜置約 15
　　分鐘去除腥味。

2　取一只碗將【調味料】加少許水調勻後均勻塗在鮭
　　魚上進預熱好的烤箱以攝氏 180 度烤約 20 分鐘即
　　可。

[NOTE]

● 食用時可以擠上一點檸檬
　汁提味又解膩唷！

PART 7

怎樣都好吃的
百變雞肉料理

Chicken

照燒雞腿排

■ 材料：●去骨雞腿排 2 片

　　　【調味料】●醬油 2 大匙　　　●味醂 3 大匙
　　　　　　　●糖 ½ 茶匙　　　　●米酒 1 大匙
　　　　　　　●辣椒醬 適量

[NOTE]

●燒好的照燒雞腿排皮面朝下
　從肉面下刀才會容易切得好
　看而不會皮肉分離。

■ 作法：

1　雞腿排肉較厚的部分用刀子輕劃幾刀後皮面朝下放入加了少許油的平底鍋中煎到皮面金黃
　　微焦再翻面。

2　中小火將雞腿肉的那一面煎到約 7～8 分熟（大致要煎上 4 分鐘以上）再將【調味料】和
　　1 量米杯的水倒入。

3　轉中火將醬汁煮滾後改回小火煮到收汁成略濃稠狀態即可。

三杯雞

■ 材料：
- 去骨雞腿排　2 片
- 辣椒　1 根

【醃漬料】

【調味料】

- 老薑片　5 片
- 麻油　適量
- 蒜末　1 大匙
- 米酒　1 大匙
- 醬油　1⅓ 大匙

- 九層塔　1 大把

- 醬油膏　1 大匙
- 香油　1 茶匙
- 米酒　1 大匙

- 蒜末　2 大匙

- 白胡椒　¼ 茶匙
- 太白粉　½ 茶匙
- 冰糖　¼ 茶匙

■ 作法：

1　雞腿排切成一口大小後加入【醃漬料】抓勻靜置約 15 分鐘入味。

2　取一只砂（陶）鍋加入 1 大匙麻油及 1 大匙植物油，依序下薑片、蒜末炒香後下醃漬好的雞肉塊拌炒到雞肉金黃微焦時再下辣椒片翻炒。

3　【調味料】和 3 大匙水倒入鍋中繼續拌炒到收汁 8～9 成時，丟入九層塔葉拌炒幾下，起鍋前再淋上 1 茶匙麻油拌勻即可。

[NOTE]

- 步驟 2 中混合了植物油的原因在於麻油久炒易生苦味，調和些其他炒菜用油就比較能避免這個問題。

- 喜歡重口味可在步驟 2 爆香薑片和蒜末時一起將辣椒片下鍋炒香再下雞肉。

【NOTE】

● 步驟 3 中的拌炒蒜頭要盡量
避免蒜頭燒焦而散發苦味，
以中小火操作為佳。

蒜頭燒雞

■ 材料：● 去骨雞腿肉 400g
● 九層塔 1 大把
【醃漬料】

● 蒜末 1 大匙
● 辣椒 適量
● 醬油 2 大匙
● 糖 1 茶匙
● 蛋液 1 大匙

● 蒜頭 10 瓣

● 米酒 1 大匙
● 胡椒鹽 適量
● 玉米粉 2 大匙

【調味料】
● 李錦記舊庄蠔油 1 大匙
● 米酒 1 大匙

● 冰糖 1 茶匙
● 番茄醬 1 茶匙

■ 作法：

1 雞腿肉切成一口大小後加入【醃漬料】抓勻靜置約 15 分鐘入味。

2 適量油熱鍋將蒜末炒香，下雞腿肉半煎炒到表面略焦香後盛起。

3 再另起一鍋加入適量油熱鍋小火將蒜瓣炒出香氣再下步驟 2 的雞肉塊，翻炒幾下後加入
【調味料】和水約 8 大匙炒到醬汁收成濃稠狀再將九層塔和辣椒片丟入翻幾次鍋即可。

左宗棠雞

■ 材料：• 去骨雞腿肉 2 片　　• 蒜末 1 大匙　　• 薑末 1 大匙　　• 青蔥末 2 大匙
　　　　• 辣椒 適量

【醃漬料】　　　　　• 醬油 1 大匙　　• 米酒 1 大匙　　• 香油 1 茶匙
　　　　　　　　　　• 白胡椒 適量　　• 太白粉 ½ 茶匙

【調味料】　　　　　• 醬油 1 大匙　　• 米酒 1 大匙　　• 番茄醬 1 大匙

■ 作法：

1　雞腿肉切成一口大小後加入【醃漬料】抓勻靜置約
　　15 分鐘入味。

2　適量油熱鍋依序將薑末、蒜末炒香，下雞腿肉半煎
　　炒到表面略焦香。

3　加入【調味料】和少許水炒到醬汁收成濃稠狀再將
　　蔥末和辣椒末丟入翻幾次鍋即可。

[NOTE]

• 去骨雞腿肉也可以用胸肉和
  雞里肌肉代替，使用雞胸肉
  實為防止肉質變柴，可以將
  【醃漬料】中的香油用量增
  加到 1 大匙左右。

蜂蜜檸檬小雞腿

[NOTE]

• 如果能吃上一點辣，【調味料 B】可加上 1 茶匙的 tabasco 也很對味。

■ 材料：• 小雞腿 10 隻

【醃漬料】	• 檸檬汁 1 大匙	• 酒 1 茶匙	• 橄欖油 1 茶匙
【調味料 A】	• 黑胡椒 ¼ 茶匙	• 洋香菜 ¼ 茶匙	• 鹽 ½ 茶匙
【調味料 B】	• 檸檬汁 2 大匙	• 蜂蜜 1½ 大匙	• 蒜末 1 大匙
	• 橄欖油 1 大匙		

■ 作法：

1　小雞腿洗淨用廚房紙巾將多餘的水分吸乾，肉質較厚的部分可以用叉子輕輕叉幾下再將【醃漬料】倒入混合均勻。

2　少量油熱平底鍋，將小雞腿放入後灑上一半分量的【調味料 A】中小火慢煎至皮面金黃微焦再翻面撒上剩下的

【調味料 A】一樣煎到皮面微焦。

3　取一只小碗將【調味料 B】加上 2 大匙的水調勻後倒入鍋中，蓋上鍋蓋小火煮到收汁即可。

4　起鍋再依個人口味撒上適量的黑胡椒、洋香菜末，再擠上一點檸檬汁就完成囉。

口水雞

■ 材料：
- 去骨雞腿肉 2 片
- 香菜末 1 大匙
- 【調味料 A】
- 【調味料 B】

- 老薑片 5 片
- 青蔥末 2 大匙
- 米酒 2 大匙
- 醬油 1½ 大匙
- 白醋 1 大匙

- 蔥段 1 小把
- 椒鹽 適量
- 辣油 2 大匙
- 糖 1 茶匙

■ 作法：

1　雞腿肉肉質較厚的部分稍微輕劃幾刀，取一有深度的盤子，盤底鋪上拍過的薑片和蔥段，雞腿排肉面朝下擺上，再均勻撒上【調味料 A】後，外鍋一杯水蒸到電鍋跳起。

2　蒸好的雞腿排肉皮面朝下切成片狀放入另一盤中，原蒸盤內蒸後留下的肉汁倒入小碗中。

3　將【調味料 B】調勻後，均勻的淋在切好的雞腿排上，撒上香菜末及蔥末即可。

【NOTE】

- 步驟 2 中保留下來的蒸肉湯汁是個好物唷！可當油水炒青菜，也可以對水加上少許調味煮成清湯都非常美味。

養樂多糖醋雞柳條

[NOTE]

● 步驟 3 最後的翻炒收汁階段
因為醬汁會很濃稠，剛開始
試作的朋友以中火操作即可
避免沾鍋底燒焦。

■ **材料：** ●雞柳條 300g ●洋蔥 ½ 個
●青蔥 1 大根 ●養樂多 190ml
●番茄醬 2 大匙 ●地瓜粉 適量

■ **作法：**

1　雞柳條切成一口大小狀，先和 100ml 的養樂多混合醃漬。

2　將雞柳條均勻地沾上地瓜粉並放至反潮後下鍋炸熟備用。

3　適量油熱鍋，依序將洋蔥絲和蔥白段下鍋炒香，加入剩下的 90ml 養樂多及番茄醬拌炒幾
下再下雞柳條翻炒到收汁，起鍋前將蔥青段丟入翻兩下鍋即可。

宮保雞丁

■ 材料：
- 雞里肌　300g
- 乾辣椒　5～6根
- 蒜末　1大匙
- 朝天椒　1根
- 青蔥　1大根
- 花生米（炒好的）2大匙
- 花椒粒　¼茶匙

【醃漬料】
- 醬油　2大匙
- 太白粉　1大匙
- 米酒　1大匙
- 香油　1大匙

【調味料】
- 醬油　1大匙
- 番茄醬　1大匙
- 米酒　1大匙
- 辣椒醬　1茶匙
- 白醋　1茶匙

■ 作法：

1　雞里肌切成一口大小後加入【醃漬料】抓勻靜置約15分鐘入味。

2　適量油熱鍋中大火將雞肉快炒到6～7分熟後盛起備用。

3　再用適量油另起一鍋，依序將蒜末、花椒粒、乾辣椒和朝天椒片下鍋爆香後下雞肉丁，翻炒出嗆辣香氣。

4　將【調味料】加入快速翻炒到收汁，起鍋前加入蔥段和花生米拌炒幾下即可。

【NOTE】

- 若想添加花椒的香氣，可以先用約2～3大匙的油小火將花椒粒拌炒後煉出花椒油，然後再使用花椒油來操作這道料理喔～只是火候要控制在小小的，過大很容易讓花椒燒焦而讓煉出來的油發苦。

- 無法吃過辣者，可以將朝天椒拿掉或是去籽後再切片料理。

可樂雞翅

■ 材料：• 雞翅 250g
　　　　• 青蔥 1 大根
　　　　• 辣椒絲 適量
　　　　【調味料】

• 蒜末 1 大匙
• 老薑片 5 片
• 可樂 350ml
• 醬油 2 大匙
• 冰糖 1 大匙
• 白胡椒 適量
• 番茄醬 1 大匙

[NOTE]

• 請挑選原味的一般可樂才不
　會影響這道料理的風味喔！

■ 作法：

1　適量油熱鍋依序將老薑片、蒜末和青蔥段爆香後下雞翅翻炒出香氣。

2　加入【調味料】中的醬油和冰糖將雞翅先炒出醬色。

3　再將其他的【調味料】、可樂及辣椒絲加入，中大火煮滾後轉小火燜煮約 20 分鐘後開鍋
　蓋轉中大火拌炒到醬汁變濃稠即可。

簡易版麻油雞

材料：•去骨雞腿肉 700g　•老薑 80g　•麻油 6 大匙　•杏鮑菇（2 根）150g
•米酒 500ml　•鹽 1/3 茶匙　•白胡椒 適量

作法：

1　準備一只陶或鐵鍋將麻油倒入小火熱鍋，老薑切片放入慢火炒香。

2　雞腿肉切成一口大小後放入並加上適量白胡椒拌炒出香氣，再放入杏鮑菇塊拌炒。

3　倒入米酒，中大火煮滾後轉小火蓋上鍋蓋煮約 20 分鐘，起鍋前再加上鹽巴調味即可。

香蒜嫩雞

[NOTE]

● 利用煎的方式料理雞腿排
　時,為了要確定裡頭的肉質
　熟透,煎的火候宜控制在中
　小火,皮面朝下時可以在腿
　排的上方壓帶點重量的盤
　子,並適時的蓋上鍋蓋,這
　樣腿排的熟度就會很均勻,
　且料理時間也不需要過長肉
　質一樣鮮嫩多汁唷!

■ 材料:●去骨雞腿排 2 片

　　【醃漬料】　●醬油 1 大匙　　　●李錦記舊庄蠔油 1 大匙　　●蒜末 1 大匙
　　　　　　　　●糖 ½ 茶匙　　　　●白胡椒 適量　　　　　　　●米酒 1 大匙
　　　　　　　　●香油 1 茶匙　　　　●玉米粉 1 茶匙

　　【調味料】　●香蒜粉 1½ 大匙　　●椒鹽 適量

■ 作法:

　1　雞腿排肉較厚的部分用刀子輕劃幾刀後加入【醃漬料】抓勻靜置約 15 分鐘入味。

　2　少量油熱平底鍋,將雞腿排皮面朝下煎到金黃微焦再翻面蓋上鍋蓋中小火將腿排煎熟。

　3　起鍋前將腿排兩面都均勻撒上【調味料】,盛出後將腿排皮面朝下切成厚片狀,再依個人
　　　喜好隨意撒上點香菜提味即可。

香菇蒸雞

■ 材料：
- 去骨雞腿排 2 片
  【調味料】
- 乾香菇（中或大） 5 朵
- 李錦記舊庄蠔油 2½ 大匙
- 糖 ¼ 茶匙
- 辣椒醬 適量
- 蒜末 1 大匙
- 蔥絲 適量
- 米酒 1 大匙
- 白胡椒 ¼ 茶匙
- 香油 1 茶匙

■ 作法：

1　雞腿排肉較厚的部分用刀子輕劃幾刀後切成一口大小狀並和【調味料】抓勻。

2　乾香菇泡水後去蒂切成塊狀。

3　取一只有深度的盤子將雞腿肉、【調味料】一起及香菇塊放入，上頭淋上 1 大匙泡香菇的水蒸約 20 分鐘即可。

4　蒸好後再放上蔥絲提味。

PART 8

燒滷一鍋
好味道

Stewing

可樂滷肉

■ 材料： ●豬小排　600g　　●白蘿蔔　200g　　●洋蔥　½ 個
　　　　　●可樂　300ml　　●老薑片　8 片　　●蒜頭　3 個
　　　　　【調味料】　　　●醬油　6 大匙　　●米酒　3 大匙
　　　　　●辣椒醬　適量

【NOTE】

●白蘿蔔也可以在起鍋前的 20
　分鐘再下，這樣燒出來的口
　味會清爽些～

●青蔥　1 大枝
●白胡椒　¼ 茶匙

■ 作法：

1　　適量油熱鍋，依序將老薑片、蒜頭、蔥段爆香後放入洋蔥絲和豬小排拌炒出香氣。

2　　加入【調味料】中一半分量的醬油將肉翻炒出醬色。

3　　再將剩下的醬油及其他所有的【調味料】、可樂、白蘿蔔（切塊）及水 300ml 倒入，中
　　　大火煮滾後轉小火蓋上鍋蓋燜煮約 40 分鐘。

4　　起鍋灑上一點青蔥絲提味即可。

洋蔥燒五花

■ 材料：• 豬五花　200g　　• 洋蔥　1 個　　　　• 蒜末　1 大匙　　　• 九層塔 / 辣椒片　適量
　　　　【調味料】　　　• 李錦記舊庄蠔油　2 大匙　• 米酒　2 大匙　　• 椒鹽　適量
　　　　　　　　　　　• 辣椒醬　1 茶匙　　• 烏醋　1 茶匙

■ 作法：

1　乾鍋將五花肉片下鍋小火煎到兩面微焦香後取出備用。

2　利用五花肉片煸出的油脂依序將蒜末、洋蔥絲下鍋炒香後將五花肉片回鍋，倒入【調味料】一起拌炒到肉片上色均勻後加入 1 量米杯的水。

3　中大火煮滾後轉小火蓋上鍋蓋小火燜煮約 10 分鐘加入九層塔轉中大火約半分鐘即可。

4　起鍋前在隨個人口味加入一些辣椒片關火用餘熱拌炒幾下就完成嚕～

【NOTE】

• 這道料理的五花肉片以切約 0.2 ～ 0.3cm 薄片為佳，片肉有困難的朋友可以試下面的方法：

①先將五花肉放入冷凍約 1 小時再下刀就會容易許多。

②將五花肉整條汆燙至表面轉白色放稍涼再下刀。

馬鈴薯燉肉

■ 材料：
- 豬梅花肉塊 400g
- 馬鈴薯 1 個

  【調味料】
- 洋蔥 1 個
- 紅蘿蔔 1 根
- 醬油 3 ½ 大匙
- 酒 2 大匙
- 味醂 2 大匙
- 黑胡椒 適量
- 白胡椒 適量

[NOTE]

- 若想省時的烹調法，可以將肉塊改成火鍋肉片，在蔬菜料加了水與調味料一起燜煮約 20 分鐘後肉片下鍋煮約 5 分鐘即可。

■ 作法：

1 適量油熱鍋將洋蔥絲炒香後下切好的梅花肉塊翻炒到肉的表面微焦。

2 下切塊的紅蘿蔔及馬鈴薯，拌炒出香氣後加入水約 500ml 轉大火煮滾並把表面渣渣撈掉。

3 再將【調味料】加入蓋上鍋蓋轉小火燉煮約 45 分鐘至肉塊軟爛即可。

冰糖紅燒肉

■ 材料：
- 豬五花 600g
- 蒜瓣 5 個
- 青蔥 2 大枝
【調味料】
- 醬油 6½ 大匙
- 冰糖 2 大匙
- 米酒 2 量米杯
- 花生醬 1 大匙
- 番茄醬 1 大匙
- 白胡椒 適量

■ 作法：

1　適量油熱鍋將五花肉下鍋煎到兩面金黃焦香後盛起備用。

2　利用鍋裡煎五花煸出的油將拍過的蒜頭和蔥段下鍋小火炒出香氣後，切成厚片的五花下鍋，並加上【調味料】中醬油和冰糖各一半的分量炒出醬色。

3　將步驟 2 移到電鍋的內鍋中，加入剩下所有的【調味料】，加適量水至蓋住五花肉，外鍋加 3 杯水蒸到電鍋跳起。

4　開鍋將五花肉與醬汁稍微拌一下，外鍋再加 2.5 ～ 3 杯水蓋回鍋蓋蒸到電鍋跳起即可。

【NOTE】

● 喜歡酸味重一點時，在起鍋時沿鍋邊再加入 1 茶匙烏醋關火拌勻。

糖醋排骨

■ 材料：
●豬小排 500g
【醃漬料】
●蒜末 1 大匙
●醬油膏 3 大匙
●香油 1 大匙
●薑泥 1 茶匙
●白胡椒 ½ 茶匙
●蛋黃 1 個
●青蔥 1 大枝
●米酒 1 大匙
●太白粉 1 大匙

【調味料】
●醬油 1 茶匙
●麻油 1 茶匙
●烏醋 2 大匙
●番茄醬 1 大匙
●糖 1 大匙

■ 作法：

1　豬小排、蒜末、薑泥和【醃漬料】充分抓勻後放入冷藏冰約 1 個小時入味。

2　醃漬好的豬小排表面沾上薄薄的一層麵粉後下鍋油炸至 7～8 分熟（表面會呈現金黃微微焦香）後撈起瀝油備用。

3　少量油熱炒鍋，將炸好的排骨和【調味料】中的醬油及番茄醬一起下鍋翻炒後加入 5 大匙的水燜煮約 5 分鐘。

4　再將剩下的【調味料】統統倒入，轉中大火翻炒收汁到濃稠，起鍋撒上適量蔥花提味即可。

Stewing

啤酒燒肉

■ 材料：●豬梅花肉塊　500g

【醃漬料】　　●青蔥　1 大枝　　　●老薑片　5 片　　　　●白胡椒　½ 茶匙
　　　　　　 ●醬油　4 大匙　　　●八角　2～3 個

【調味料】　　●醬油膏　1 大匙　●啤酒　350ml　　　　●冰糖　1 大匙
　　　　　　 ●蜂蜜　1 大匙　　●辣椒醬　適量

■ 作法：

1　豬梅花洗淨用廚房紙巾擦去多餘水分後，用叉子輕叉出一些洞再將【醃漬料】和肉塊放入夾鏈袋中搖一搖混合均勻並冷藏約 1 個小時入味。（薑片和蔥段都要先用刀背拍過。）

2　適量油熱鍋先將醃好的梅花肉塊下鍋煎到兩面焦香後，將【醃漬料】的醬汁及除了蜂蜜之外的【調味料】統統放入鍋子中，中大火煮滾後轉小火燜煮約 20 分鐘。

3　起鍋前再將蜂蜜加入並轉中大火收汁至濃稠後盛出。放稍涼切片即可盛盤，並淋上醬汁一起享用。

[NOTE]

●啤酒用一般的或是加了水果口味的皆可，風味各有不同，不過用啤酒燒出來的肉質都會非常軟嫩喔～

鳳梨紅燒肉

■ 材料：
- 豬五花 600g
- 蒜末 1 大匙
【調味料】
- 鳳梨片 150g
- 青蔥 1 大枝
- 醬油 5½ 大匙
- 冰糖 1 大匙
- 米酒 3 大匙
- 罐頭鳳梨醬汁 4 大匙

[NOTE]

● 走活水是指將肉類食材放到水中，在不沸騰的狀態下氽燙至肉質變色，將表面煮出的雜質渣渣撈掉後再將肉品取出做後續的料理。是很有效的去腥方式喔。

■ 作法：

1 豬五花肉塊走活水後切成厚片。

2 適量油熱鍋，先將蒜末和蔥段爆香再下五花肉片一起翻炒出香氣。

3 加入【調味料】中的一半分量醬油和冰糖將肉片炒出醬色。

4 再將剩下所有的【調味料】、鳳梨片、和水 250ml 一起下鍋。中大火煮滾後轉小火燜煮約 40 分鐘即可。

咕咾肉

■ 材料：
- 豬梅花肉　300g
- 鳳梨片　3～4 大片
- 蒜末　1 大匙
- 青椒　½ 個
- 紅椒　½ 個

【醃漬料】
- 醬油　1 大匙
- 蛋黃　1 個
- 米酒　1 大匙
- 椒鹽　適量
- 香油　1 大匙
- 太白粉　2 大匙

【調味料】
- 番茄醬　2 大匙
- 糖　1 茶匙
- 白醋　1 大匙
- 醬油　1 大匙

■ 作法：

1　豬梅花切成大丁塊狀，青椒、紅椒、鳳梨切成類似大小的片狀備用。

2　將除了太白粉的其他【醃漬料】加入梅花肉塊中抓勻，靜置入味。

3　醃好的肉丁裹上一層薄薄的太白粉後下鍋油炸至表面金黃焦香盛起瀝油備用。

4　適量油熱鍋爆香蒜末後，下青、紅椒及鳳梨片，翻炒出香氣後下炸好的肉丁、事先調勻的【調味料】及 5 大匙的水，拌炒到醬汁變濃稠狀即可。

[NOTE]

- 青、紅椒切片時可將內側白色的部分去除，如此能去除些苦澀味烹煮後的口感也會更爽脆喔！

蜜汁小排

[NOTE]

● 蜜汁口味中的番茄醬先下鍋
  炒香再和食材混合,是提升
  蜜汁味道厚度與香氣的重要
  步驟喔。

■ 材料:●豬小排 400g

【調味料 A】	●薑泥 ¼ 茶匙	●白胡椒 ¼ 茶匙	●辣椒粉 適量
	●香油 1 茶匙		
【調味料 B】	●醬油膏 1½ 大匙	●番茄醬 1 大匙	●酒 1 大匙
	●蛋黃 1 個	●太白粉 1½ 茶匙	
【調味料 C】	●番茄醬 2 大匙	●白醋 1 茶匙	●糖 ¼ 茶匙
【粉料】	●太白粉 2½ 大匙	●低筋麵粉 2½ 大匙	

■ 作法:

1　小排用紙巾將水分吸乾後先將拌勻的
　　【調味料 B】加入,並加入【調味料 A】
　　仔細抓勻。

2　【粉料】混合均勻後,將醃漬入味的
　　小排一塊塊仔細裹上粉。

3　進油鍋中小火將小排炸熟至香酥後瀝
　　油。(大約 7 ～ 8 分鐘即可)

4　取一只炒鍋小火將【調味料 C】中的
　　糖和蕃茄醬炒過,小排下鍋翻炒幾下
　　後再加入白醋和 5 ～ 6 大匙的水炒到
　　收汁就可以起鍋。

橙汁排骨

材料：●豬小排　400g
　　　　【醃漬料】　●醬油膏　3 大匙　●蒜末　1 大匙　●薑泥　1 茶匙　●香油　1 茶匙
　　　　　　　　　●胡椒鹽　適量
　　　　【橙汁醬】　●柳橙汁　150ml　●冰糖　1½ 茶匙　●薑泥　¼ 茶匙　●蒜泥　1 茶匙

作法：

1　小排用紙巾將水分吸乾後將【醃漬料】加入抓勻冷藏約 1 個小時入味。

2　將醃好的小排進油鍋中火將小排炸熟至香酥後瀝油。（大約 7～8 分鐘即可）。

3　另起一炒鍋將【橙汁醬】材料全部放入並加約 50ml 的水煮滾後將炸好的小排放入。

4　蓋上鍋蓋小火燜煮到橙汁醬收到濃稠即可。

[NOTE]

●適量的薑泥在橙汁排骨中扮演著畫龍點睛的提味效果～別省略了喔！

番茄牛肉煲

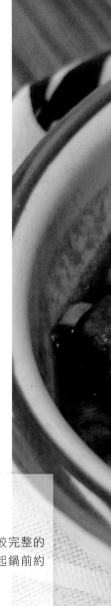

■ 材料：•牛腱 450g　•牛番茄 2 個
　　　　•洋蔥 1 個　　•青蔥 1 大枝
　　　　•老薑片 4 片　•番茄醬 3 大匙

　　　　【調味料】　•醬油 2 大匙
　　　　　　　　　　•鹽 1 茶匙
　　　　　　　　　　•糖 1 茶匙
　　　　　　　　　　•米酒 2½ 大匙
　　　　　　　　　　•辣椒醬 1 茶匙

■ 作法：
1　牛腱走活水切成適當大小的塊狀，番茄、洋蔥也都分
　　別切成塊狀備用。

2　適量油熱鍋，依序將老薑片、蔥段下鍋爆香後加入牛
　　腱拌炒到表面微焦香。

3　再將洋蔥、番茄塊和番茄醬倒入一起翻炒出香氣，倒
　　入除了鹽以外的【調味料】和 600ml 的水，大火煮滾
　　後轉小火慢煲約 80 分鐘。

4　起鍋前加入鹽巴，並撒上適量蔥花提味即可。

[NOTE]

•如果牛肉煲想保有較完整的
　番茄塊，番茄可在起鍋前約
　20 分鐘下即可。

清燉洋蔥牛肉湯

[NOTE]

● 烹調肉類食物時可以適量的加入一點點泡打粉，如此就可以在比較短的時間內將肉質煮到軟嫩喔！

■ **材料：** ● 牛肋條 300g ● 紅蘿蔔 1 根 ● 洋蔥 1 個（大）
　　　　　● 蒜 1 根 （取蒜白部分）　● 老薑片 4 片
　　　　【調味料 A】　● 米酒 2 大匙　● 白胡椒 ¼ 茶匙
　　　　【調味料 B】　● 白醋 1 茶匙　● 米酒 2 大匙
　　　　　　　　　　　● 泡打粉 少許　● 白胡椒 適量
　　　　　　　　　　　● 鹽巴 適量

■ **作法：**

1　少量油熱鍋，依序將薑片、蒜白下鍋炒香後，下牛肋條並加入【調味料 A】炒香。

2　紅蘿蔔塊、洋蔥下片鍋翻兩下後，將食材移到燉鍋中，加入除了鹽巴之外的【調味料 B】小火慢燉約 80 分鐘。

3　起鍋前加入鹽巴調整味道即可。

泡菜燉牛肋

■ 材料：
●牛肋條 400g	●泡菜 150g	●洋蔥 1 個	●蒜末 1 大匙
	●老薑片 4 片	●香菜末 適量	
【調味料 A】	●冰糖 1 大匙	●醬油膏 2 大匙	●米酒 2 大匙
【調味料 B】	●泡菜汁 150ml	●醬油膏 2 大匙	●辣椒醬 1 茶匙

■ 作法：

1　適量油熱鍋，依序將老薑片和蒜末下鍋爆香，下切好的牛肋條並倒入【調味料 A】炒出醬色。

2　下切成小塊狀的洋蔥及泡菜翻炒出香氣。

3　將步驟 2 移入燉鍋中，【調味料 B】倒入加約 200ml 的水慢燉約 60 分鐘即可。

【NOTE】

●步驟 3 如果是使用智慧型壓力鍋則不需要額外添加水分，設定烹調約 30 分鐘肉質就會非常軟嫩入味。

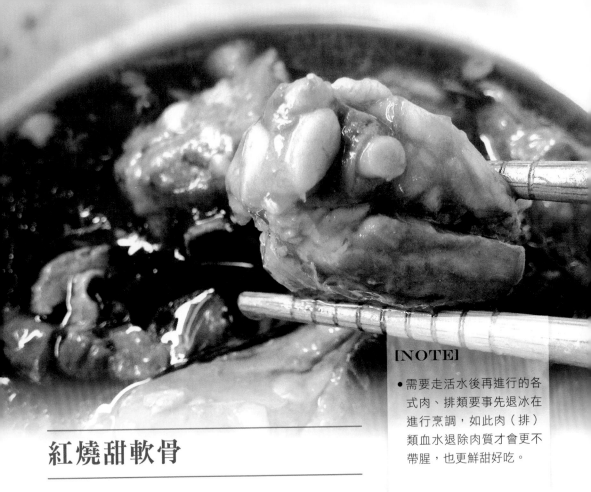

紅燒甜軟骨

[NOTE]

● 需要走活水後再進行的各式肉、排類要事先退冰在進行烹調，如此肉（排）類血水退除肉質才會更不帶腥，也更鮮甜好吃。

■ 材料：

- 豬軟骨（豬小排帶軟骨的部位最佳）600g
- 蒜瓣 6 個

【調味料 A】
- 李錦記甘甜醬油露 3 ½ 大匙
- 花椒粉 少許

【調味料 B】
- 李錦記甘甜醬油露 3 大匙
- 烏醋 1 大匙
- 辣椒醬 1 茶匙

- 老薑片 4～5 片
- 青蔥 1 大枝
- 白胡椒 ¼ 茶匙

- 米酒 3 大匙
- 番茄醬 1 大匙

■ 作法：

1　軟骨先走活水，去除血水雜質後撈起。

2　適量油熱鍋，依序將老薑片、蒜瓣、蔥段下鍋爆香後，下軟骨一起翻炒。

3　再將【調味料 A】倒入翻炒出醬色。

4　將炒好的材料全部移到燉鍋中，並將【調味料 B】加入，倒入 500～600ml 的水，中大火煮滾後轉小火燜煮，約 80 分鐘後即可。

蔥薑牛肉煲

■ 材料：
- 炒牛肉片　250g
- 青蔥　1～2 大枝
- 老薑　1 小塊
- 辣椒　1 根

　【醃漬料】
- 蒜末　1 茶匙
- 白胡椒　¼ 茶匙
- 香油　1 大匙
- 米酒　1 茶匙

　【調味料】
- 李錦記舊庄蠔油　2 大匙
- 米酒　1 大匙

■ 作法：

1　將【醃漬料】加入肉片中抓勻。

2　一大匙油熱鍋，將牛肉片大火炒到半熟後盛起。

3　取一只砂鍋，將步驟 2 鍋底剩下的油倒入，小火依序把薑片、蔥段、辣椒下鍋拌炒出香氣。

4　將肉片倒入鍋中，並加入【調味料】轉中大火翻炒幾下至肉片熟即可。

【NOTE】

- 蔥薑在砂鍋中煸炒後散發出香氣和牛肉片結合是這道料理美味的來源！

- 砂鍋在操作使用上忌冷熱溫差太大，否則鍋子會比較容易產生裂痕喔～

PART 9

卡滋卡滋齒頰留香
收買小朋友愛的料理

For Kids

免炸豬排

■ 材料：• 豬里肌肉排　4 片（約 200g）
　　　　• 麵包粉　1 大碗
　　　　• 香蒜粉　2 大匙　　• 洋香菜　1 大匙
　　　　• 黑胡椒　適量　　　• 蛋　1 個
　　　　【醃漬料】　　　　　• 鹽　適量
　　　　　　　　　　　　　　• 黑胡椒　適量
　　　　　　　　　　　　　　• 橄欖油　1 大匙
　　　　　　　　　　　　　　• 辣醬油　1 大匙

[NOTE]

• 裹上香料麵包粉後請記得輕輕按壓讓粉料可以在豬排上黏附得更好。

• 隔著保鮮膜敲豬排可以避免肉末（汁）四濺，同時也能把肉排的厚度敲得更均勻喔。

• 進入烤箱烘烤的時間長短會因為肉排的厚度而有所不同，只要烤到肉質轉白色就表示已經熟透嚕～若想吃粉料更香脆口感，在烘烤時間最後 1 分鐘時可以將烤盤移到最上層，如此麵包粉料會上色的更深也更香脆。

• 剩下的香料麵包粉料用密封袋裝好入冷凍保存。

■ 作法：

1　適量橄欖油熱平底鍋，將麵包粉倒入小火慢炒，炒到顏色開始轉深的時候將香蒜粉、洋香菜、黑胡椒一併倒入混和均勻盛起放涼備用。

2　肉排隔著保鮮膜用肉錘敲薄後，將【醃漬料】加入抓勻，靜置約 20 分鐘入味。

3　醃漬好的豬排沾上蛋汁再均勻地裹上步驟 1 的香料麵包粉，放入預熱好的烤箱以 190℃烤約 12～15 分鐘即可。

蝦泥可樂餅

■ 材料：●馬鈴薯 2 個（約 240g）　●蝦仁 180g　　●麵包粉 4 ～ 5 大匙
　　　　●蛋汁 適量

【調味料 A】　　　　　●奶油 1 茶匙　　　●鹽 ¼ 茶匙　　　●黑胡椒 ¼ 茶匙

【調味料 B】　　　　　●鹽 ½ 茶匙　　　　●白胡椒 ¼ 茶匙　●蒜泥 1 茶匙
　　　　　　　　　　　●米酒 1 大匙　　　●香油 1 茶匙　　　●太白粉 1 茶匙

■ 作法：

1　馬鈴薯去皮蒸軟後壓成泥，並趁熱加入【調味料 A】拌成滑順的薯泥。

2　蝦仁拍剁成泥（不需要太爛，保留一點小塊狀的顆粒口感會更好）。再將【調味料 B】加入拌出黏稠性。

3　將步驟 1 和 2 加在一起充分拌勻後，用手塑成橢圓狀並輕壓緊。仔細沾上蛋汁後再沾上麵包粉。（大約可做成 7 個左右）。下油鍋中小火炸到金黃香酥撈起瀝油即可。

【NOTE】

●步驟 1 的馬鈴薯泥在拌時如果覺得太乾澀，可以加入少許的鮮奶就會更容易操作些。

火腿起司小豬排

■ 材料：
- 豬里肌肉片 6 片
- 明治火腿片 3 片
- 麵包粉 適量

【醃漬料】

- 起司片 2～3 片
- 蛋 1 個
- 麵粉 適量
- 鹽 適量
- 橄欖油 1 茶匙
- 黑胡椒 適量

【NOTE】

- 起司片遇熱後會融化，所以要排在肉卷的最裡層操作上才不易因為爆漿而炸得一團糟喔。

■ 作法：

1 豬里肌肉片用【醃漬料】抓勻。

2 醃漬好的肉鋪平依序放上火腿和起司片後捲起收口朝下備用。

3 捲好的肉卷依序沾上麵粉、蛋汁、麵包粉，輕輕壓緊後下油鍋炸到金黃香酥即可。

咖哩雞米花

■ 材料：•去骨雞腿排 2 片　•蛋 1 個

　　　【醃料：粉】　•咖哩粉 1 茶匙　•五香粉 ⅓ 茶匙　•白胡椒 ½ 茶匙

　　　　　　　　　•辣椒粉 適量

　　　【醃料：醬料】　•醬油膏 2⅓ 大匙　•米酒 1 茶匙

　　　【酥炸粉】　•咖哩粉 1 茶匙　•香蒜粉 1 茶匙　•地瓜粉 6 大匙

■ 作法：

1　雞腿排用紙巾吸除多餘水分，肉質厚的部位先劃幾刀後切成好入口的大小，再將【醃料：粉】倒入抓勻。

2　將【醃料：醬料】倒入混合，並加入打散的蛋液充分抓勻。

3　【酥炸粉】混合均勻後，將雞肉沾上粉料並輕壓緊（皮和肉質相連處也要翻開仔細裹上粉）再放至反潮。

4　適量油熱鍋，中小火下鍋炸到金黃微焦，起鍋前轉中大火逼油即可。

[NOTE]

•醃料中的粉料和醬料（濕）分開依序處理，這樣即使醃漬時間不長也能有層次分明的香味喔～

起司香蔥鮪魚飯

■ 材料： • 起司片（口味自選） 1½ 片　　• 水煮鮪魚 3 大匙
　　　　　• 蛋 1 個　　　　　　　　　　• 鮮奶 80ml
　　　　　• 蔥末 2～3 大匙　　　　　　• 黑胡椒 適量
　　　　　• 白飯 1 碗

[NOTE]

• 如果是用大烤箱操作，請先預熱，溫度設定在 170～180℃即可。烤的過程中因為大烤箱受熱來的比小烤箱均勻些也可以不需要加鋁箔紙蓋在上面，烘烤的時間也可以縮短一些。

■ 作法：

1　蛋只取蛋黃的部分，並和鮮奶混合均勻。

2　取一有深度的烤盤，裡層先抹上一層薄薄的奶油後將白飯和步驟 1 的奶黃汁倒入拌勻，再加上 1 片撕碎的起司，灑上適量的黑胡椒混合均勻。

3　烤盤用鋁箔紙蓋好，上頭留一些透氣孔後進一般小烤箱烤 5 分鐘後取出

4　掀開鋁箔紙，將鮪魚、青蔥末和剩下的 ½ 片起司撕碎丟入拌勻後，再放入烤箱（這次不用加蓋），烤約 1 分半鐘就完成囉。

For Kids

餃子皮 Pizza

■ 材料：
- 水餃皮 15 片
- 洋蔥 ¼ 個
- 鳳梨片 適量
- 番茄醬 適量
- 小紅番茄 10 個
- 青椒 ¼ 個
- 焗烤用起司絲 1～2 大匙
- 德式煙熏香腸 ½ 根
- 黑胡椒 適量

■ 作法：

1　取一只平底鍋抹上適量油後將水餃皮鋪上，一片與一片之間要有重疊處，再塗上適量的番茄醬。

2　將水餃皮上鋪洋蔥絲、青椒絲、番茄片、鳳梨片、香腸丁……後再均勻撒上起司絲和黑胡椒。

3　開中小火慢煎至有出小小油煎麵皮聲響時，沿鍋邊四周倒入約 4～5 大匙的水後，蓋上鍋蓋留一些透氣孔繼續中小火慢煎到水分收乾即可。

[NOTE]

- 青椒在切絲時將內側白色的部分去除就能減少許多苦澀味喔～

- 番茄醬如果可以採用自製的番茄底醬會更帶有香氣～（詳細作法見 P.213 萬用的番茄底醬）。

- pizza 上的材料可以任意組合，但因為這樣的烹調法相對起來時程較短且受熱面積以底部為主，所以不建議放大片的生料喔！

醬燒漢堡排

■ 材料： ● 牛絞肉 250g ● 豬絞肉 150g ● 洋蔥 1 個 ● 青蔥 1 大根

　　　　 ● 蛋 1 個 ● 蒜末 1 茶匙

　【調味料 A】 ● 醬油 2½ 大匙 ● 香油 1 茶匙 ● 米酒 1 大匙

　　　　　　 ● 黑胡椒 ½ 茶匙 ● 太白粉 1 茶匙

　【調味料 B】 ● 醬油膏 1 大匙 ● 甜辣醬 2 茶匙 ● 白醋 1 茶匙

　　　　　　 ● 糖 ¾ 茶匙 ● 黑胡椒 適量

■ 作法：

1　少量油熱鍋,先將蒜末、洋蔥末和青蔥末炒香後放稍涼備用。

2　將步驟 1 牛、豬絞肉、蛋、【調味料 A】充分混合均勻並輕甩打出黏性。

3　取適量餡料用手掌來回拍打後,塑成有厚度的橢圓形,並下鍋煎到兩面微焦後盛起。

4　將【調味料 B】加上約 5～6 大匙的水燒開後,將漢堡排放入蓋上鍋蓋中小火回燒至收汁
就可以起鍋了。

番茄醬焗烤飯

■ 材料：
- 白飯　2 碗　（約 250g）
- 青蔥末　1 大匙
- 【蛋奶液】
- 【調味料】

- 火腿丁　2 大匙
- 焗烤用起司絲　適量
- 蛋　1 個
- 番茄醬　2½ 大匙
- 黑胡椒　適量

- 洋菇　3 ～ 4 朵
- 鮮奶　60ml
- 辣醬油　1 茶匙

■ 作法：

1　取一只烤模將白飯、火腿丁、洋菇丁、青蔥末和【調味料】充分混合均勻。

2　再將蛋奶液倒入靜置約 2 ～ 3 分鐘，待米飯將蛋奶液充分吸收後上頭撒上起司絲蓋上鋁箔紙上頭留一些透氣孔放入小烤箱中烤 10 鐘。

3　掀開鋁箔紙，再烤約 2 分鐘至起司表面焦香，上頭再隨意撒上黑胡椒提味即可。

[NOTE]

- 如果是用大烤箱操作，請先預熱，溫度設定在 180℃。烤的過程中因為大烤箱受熱來的比小烤箱均勻些也可以不需要加鋁箔紙蓋在上層，烘烤的時間也可以縮短至 8 ～ 10 分鐘。

脆皮雞腿排 × 蒜味醬拌飯

■ 材料：
- 去骨雞腿排 2 片

【調味料】
- 醬油 2 大匙
- 白醋 1 大匙

【醃漬料】
- 鹽 適量
- 五香粉 ¼ 茶匙

- 蒜瓣 4 個
- 米酒 1 大匙
- 糖 ¼ 茶匙
- 黑胡椒 適量
- 辣椒粉 適量

[NOTE]
- 步驟 3 的蒜味底醬要盡量避免倒在雞腿排的皮面上唷～這樣才能維持酥脆的外皮。

■ 作法：

1　去骨雞腿排用廚房紙巾吸去多餘水分，肉較厚的部分劃上幾刀後，將【醃漬料】均勻抹在肉面上。

2　少許油熱鍋，皮面朝下煎到金黃酥脆後翻面小火再煎約 4 分鐘。在等煎腿排的同時，將蒜瓣切碎並和【調味料】拌勻成為蒜味底醬。

3　步驟 2 中的雞腿肉大約會到 7 分熟。再將蒜味底醬加上水 2 大匙沿鍋邊倒入繼續煎煮約 3 分鐘即可。

4　將煎好的腿排盛起，鍋內剩的就是超好吃的蒜味醬。腿排和醬汁都盛起後關火。白飯倒入，利用鍋子的餘熱把飯拌炒成略帶鍋巴的蒜味拌飯。

5　蒜味拌飯裝入大碗中，依個人口味淋上蒜味醬，再把煎好的脆皮雞腿排鋪上即可。

優格咖哩雞飯

■ 材料：●去骨雞腿排 200g　●洋蔥 ½ 個　　　●馬鈴薯 1 個　　●蔥 1 大枝
　　　　　●紅蘿蔔 1 小根

　　　【調味料】　　●優格 3 大匙　　　●醬油膏 1 大匙　●番茄醬 2 大匙
　　　　　　　　　●咖哩粉 2 茶匙

　　　【醃漬料】　　●優格 2 大匙　　　●咖哩粉 1 茶匙　●醬油膏 1½ 大匙
　　　　　　　　　●蒜泥 1 茶匙　　　●糖 ½ 茶匙　　　●米酒 1 茶匙

■ 作法：

1　　去骨雞腿排切成適當大小塊狀後，將【醃漬料】加入並抓勻。

2　　適量油熱一炒鍋，將醃漬好的雞腿丁倒入拌炒出香氣後再將馬鈴薯塊、紅蘿蔔丁、洋蔥片【調味料】全部加入並拌炒均勻。

3　　將步驟 2 全部倒入電子鍋中加入約 3 大匙的水及切好的蔥段蓋上鍋蓋煮約 25 分鐘即可。

4　　完成的咖哩再隨意淋上一點優格更對味。

[NOTE]

●簡易的自製優格法：

全脂鮮奶 500ml ＋優酪乳（無糖為佳）混合均勻後放入電鍋內，蓋子留一些縫隙，選取保溫的功能鍵，靜置約 6 小時即可。

●食譜的咖哩做法為電鍋簡易版，如果要使用直火烹煮則步驟 3 的水量要加到至少 150 ～ 200ml，煮滾後小火燜煮約 18 ～ 20 分鐘即可。

Fast cook

蔥爆豬肉

■ 材料：●洋蔥 ½ 個　　●豬五花火鍋肉片 200g
　　　　●青蔥 2 大枝　　●辣椒 1 根
　　　　【調味料】　　　●醬油 2 大匙　　●米酒 1 大匙
　　　　　　　　　　　●白醋 1 茶匙　　●辣椒醬 1 茶匙
　　　　　　　　　　　●冰糖 ½ 茶匙

[NOTE]

關於洋蔥切絲

● 烹煮後需要比較有口感的
　逆絲切，想煮到比較軟爛
　者則順絲切。

● 洋蔥在烹調前可先進冷凍
　庫約 30 分鐘後拿出，則切
　絲時比較不易被辛辣感刺
　激眼睛。

■ 作法：

1　乾鍋將切成適當大小的五花肉片放入，半煎炒到表
　　面微焦後加蔥白段和洋蔥絲一起拌炒。

2　沿鍋邊嗆入【調味料】中的米酒大火翻炒幾下後，
　　將其他【調味料】加入翻炒出香氣。

3　起鍋前加入蔥青段與辣椒片拌炒即可。

Fast cook

薑汁燒肉

■ 材料：
- 豬里肌肉片 300g
  【醃漬料】
  【調味料】
- 洋蔥 ½ 個
- 香油 1 大匙
- 薑泥 1 大匙
- 白醋 1 茶匙
- 蔥絲 適量
- 白胡椒 少許
- 味醂 3 大匙
- 水 6 大匙
- 辣椒絲 適量
- 醬油 3 大匙

■ 作法：

1　豬里肌肉片用【醃漬料】抓麻。

2　適量油熱鍋將洋蔥絲炒香後下豬肉片，轉中大翻炒到表面略焦。

3　將【調味料】倒入煮滾後小火燜煮約 5～6 分鐘 。

4　上桌前再撒上青蔥絲和辣椒絲提味即可。

【NOTE】

- 喜歡薑汁味道更重一些的話可以在醃肉的步驟再加上 ½ 茶匙的薑泥一起抓勻。食譜的口味是小朋友也能接受的微辛香帶點鹹甜～便當菜大推。

沙茶蔥爆雞柳

■ 材料： ●雞胸肉 300g   ●洋蔥 1 個   ●青蔥 2 大枝   ●辣椒 1 根
          ●蒜末 1 茶匙

【醃漬料】 ●醬油膏 1 大匙   ●米酒 1 大匙   ●香油 1 大匙
          ●白胡椒 ¼ 茶匙   ●糖 ¼ 茶匙   ●太白粉 1½ 茶匙

【調味料】 ●沙茶醬 1 大匙   ●醬油 1 茶匙   ●番茄醬 1 茶匙

■ 作法：

1   雞胸肉切片，將【醃漬料】加入抓勻備用。

2   適量油熱鍋後，先將蒜末爆香，再下雞柳，大火翻炒到表面略焦 7 分熟即可盛起。

3   同鍋加上少許油，將蔥白段、洋蔥絲和一半分量的辣椒絲炒香。

4   再將雞柳回鍋，加上【調味料】大火翻炒到熟。起鍋前加入青蔥絲還有剩下的辣椒絲，大火翻幾下鍋即可。

香辣杏鮑牛小排

■ 材料：• 去骨牛小排 220g　• 杏鮑菇 2 大根　• 蒜末 1 大匙
　　　　• 青蔥 1 大枝　　　　• 辣椒絲 適量　　• 牛油 10g
　　　　【調味料】　　　　　• A1 1½ 茶匙　　　• 醬油 2/3 大匙
　　　　　　　　　　　　　• 黑胡椒 適量　　　• 米酒 1 大匙

■ 作法：
1　牛小排切成一口大小用少量的海鹽、黑胡椒、橄欖油抓勻，杏鮑菇切片備用。
2　取一半的牛油熱鍋，將蒜末炒香後，下牛小排片，煎炒到表面微焦香，再下杏鮑菇片，加入【調味料】快速翻炒，起鍋前再將剩下的牛油丟入，下青蔥和辣椒絲，關火用餘熱將辛香料翻炒幾下出香味就大功告成。

蒜香沙茶薄肉片

■ 材料： •梅花火鍋薄片 250g
•辣椒末 適量
【調味料】

•蒜末 1 大匙
•香菜末 適量
•沙茶醬 1 大匙
•醬油 2 大匙
•糖 ½ 茶匙
•白醋 1 茶匙
•香油 1 大匙

[NOTE]

•也可以使用里肌、五花……
其他部位的薄片，取用較瘦
的部位時調理醬汁的油脂
（如香油）用量就要略增，
如此肉質才不易變柴或乾澀
喔。

■ 作法：

1　起一鍋滾水加少許的油和鹽巴，將梅花火鍋薄片放入燙熟後撈起冰鎮備用。

2　蒜末和【調味料】調勻後與冰鎮好的肉片拌勻，再隨意撒上香菜和辣椒末即可。

蒜苗炒五花

■ 材料：●豬五花薄片 250g　●蒜苗 2 枝　　●蒜末 1 大匙　　●辣椒 1 根
　　　　【調味料】　　　　●米酒 2 大匙　●白胡椒 適量　●李錦記舊庄蠔油 2 大匙

■ 作法：

1　乾鍋直接下五花薄片半煎炒到薄片表面略焦香。

2　將五花片堆到鍋子的一邊，利用煎五花片逼出的油脂將蒜末炒香後下蒜苗片拌炒幾下再和五花片一起拌勻。

3　將【調味料】中的米酒沿鍋邊嗆入，轉大火翻兩次鍋後再將其他的【調味料】及辣椒片加入快速翻炒拌勻即可。

【NOTE】

● 五花薄片辦煎炒的時候可以將火侯轉稍小，待薄片煸到微焦再進行烹調，感覺上可以少去更多油膩感且香氣更為濃厚喔！

木耳快炒肉片

■ 材料：● 豬梅花火鍋肉片 200g   ● 黑木耳（新鮮的） 100g   ● 子薑片 5 片
　　　　● 蔥 1 大枝   ● 辣椒 1 根
　　　【調味料】   ● 醬油膏 1½ 大匙   ● 胡椒鹽 適量

　　　 ● 米酒 1 大匙   ● 香油 1 大匙
　　　【醃漬料】   ● 醬油 ½ 茶匙   ● 米酒 1 茶匙

　　　 ● 香油 1 茶匙   ● 太白粉 適量

■ 作法：
   1   先將梅花肉片用【醃漬料】抓勻備用。

   2   適量油熱鍋，先中大火將肉片炒到約 7 分熟後盛起備用。

   3   再用少量油熱鍋，依序將薑絲、蔥白段爆香後，黑木耳去蒂切成適當大小片狀下鍋炒香。

   4   將肉片回鍋，下【調味料】翻炒均勻，起鍋前將蔥青切段、辣椒絲放入拌炒幾下即可。

沙茶空心菜炒牛肉

■ 材料：•牛炒肉片　150g　•空心菜　250g
　　　　•蒜末　1 大匙　　•辣椒　1 根
　　　　【調味料】　　　　•沙茶醬　1 大匙
　　　　　　　　　　　　•李錦記舊庄蠔油　1 大匙
　　　　　　　　　　　　•米酒　1 大匙

[NOTE]

• 深綠色的葉菜類不耐久煮，所以在快炒時火候宜大盡量縮短烹煮的時間，另此類做法油量不宜太少才能保持菜色鮮綠。

• 牛肉片也可以事先用 1 茶匙香油和少許太白粉抓麻，這樣肉質也會比較能保持軟嫩喔。

■ 作法：

1　適量油熱鍋先將蒜末爆香後下牛肉片大火快炒到5分熟。

2　將切段的空心菜、辣椒片下鍋，沿鍋邊將【調味料】中的米酒嗆入後加少量水翻幾下鍋。

3　把剩下的【調味料】統統加入拌炒均勻即可。

京醬肉絲

■ 材料：●豬里肌肉絲 300g　●小黃瓜 1 根

　　　【醃漬料】　　●醬油 2 大匙　　　●米酒 1 大匙　　　●香油 1 大匙

　　　　　　　　　●白胡椒粉 ¼ 茶匙　　●太白粉 1 大匙

　　　【調味料】　　●甜麵醬 1 大匙　　●番茄醬 1 大匙　　●辣椒醬 適量

■ 作法：

1　將【醃漬料】加入豬里肌肉絲中拌勻靜置約 15 分鐘入味。

2　小黃瓜帶皮洗淨後刨絲。加入適量鹽巴將澀水抓出後備用。

3　事先取一只碗將【調味料】加 1 大匙水拌勻。 適量油熱鍋後，將醃漬好的肉絲下鍋翻炒到 5 分熟時把拌好的【調味料】倒入轉中大火翻炒到收汁盛起。

4　小黃瓜絲鋪底，炒好的肉絲擺在上頭再隨意擺上一些青蔥絲提味即可。

香酥吮指薄片

■ 材料：
- 火鍋豬五花薄片　250g
- 小黃瓜　1 根

  【調味料】
- 蒜末　1 大匙
- 辣椒末　適量
- 李錦記甘甜醬油露　2 大匙
- 白胡椒　¼ 茶匙
- 米酒　1 大匙

■ 作法：

1　將豬五花薄片切適當大小後，乾鍋直接下肉片和蒜末，小火慢煎到表面金黃香酥微焦。煎好的肉片和蒜末瀝油備用。

2　另起一炒鍋，將步驟 1 倒入，用削皮器快速將小黃瓜刨成薄片入鍋中，並加上【調味料】和辣椒末轉大火快速翻炒即可。

【NOTE】

- 步驟 1 過程一定要維持小火且要不時的翻動才能避免蒜末過焦；且瀝出的油可儲存當炒菜用油增添香氣。

PART **11**

小酌怡情這樣吃
必備下酒菜

Snacks

酒蒸蛤蜊

【NOTE】

【調味料】的部分可以自行斟酌多寡，有時蛤蜊本身已經多少帶有些鹹味完全不加調味吃原味也不錯。

• 關於快速蛤蜊吐沙：

① 在水中放一點鹽。比例約是 1 小匙：1 馬克杯水。水溫是要在冷水的狀態，約莫 15、16 度左右。這是模擬海中的狀態，讓蛤蜊以為回到了家可以放心大口呼吸，沙就吐的乾淨了。

② 在水中加一點沙拉油。原理是阻絕空氣，蛤蜊為了想要吸飽滿的空氣會先張大嘴。

③ 水中滴白醋。

然後給它一個安靜的環境，蓋上蓋子（這是為了讓蛤蜊在缺氧的環境下而自動張大嘴呼吸），這樣沙就能在短時間吐得乾淨嚕～如果時間上不急迫的話，只需要取清水浸泡，然後放置在幽暗的環境靜待，不必加蓋就可以了。

■ 材料：
• 文蛤 400g
• 青蔥末 2 大匙
【調味料】
• 蒜瓣 5 個
• 無鹽奶油 15g
• 鹽 適量
• 薑泥 1 茶匙
• 清酒 200ml
• 白胡椒 適量

■ 作法：

1　少量油熱鍋將蒜瓣炒香後下吐好沙的文蛤稍微拌炒。

2　薑泥和清酒從文蛤的上頭倒入轉中大火至文蛤殼開始打開。

3　待殼都打開後將奶油和【調味料】加入，輕拌使奶油融化，起鍋前再撒上青蔥末即可。

香辣烤腿翅

■ 材料：●小雞腿　800g

　　　　【醃漬料】　　●泰式酸辣醬　100g　　●米酒　1 大匙　　●番茄醬　4 大匙

　　　　　　　　　　●Tabasco　1 茶匙　　●香蒜粉　1 茶匙

■ 作法：

1　用廚房紙巾將小雞腿上多餘的水分吸除後，叉子在肉質較厚的地方輕叉出一些孔隙。

2　取一只大碗先將【醃漬料】調勻，把小雞腿放入大的夾鏈袋中再將【醃漬料】倒入，密封好後搖晃袋子使醬汁能夠均勻的沾附在雞腿上。

3　放入冰箱冷藏至少 2 個小時後進預熱好的烤箱，以 185℃烤約 25 分鐘即可。

【NOTE】

● 如果想要小雞腿更入味，浸泡在醬汁中的時間可以拉長至隔夜，中途將整個夾鏈袋上下翻個面，使得裡頭的小雞腿每一面都能更均勻的吸附醬汁。

● 食譜配方是大一些的小朋友也能接受的微辣口味，辣度的調整以 Tabasco 的添加量為主即可。

蒜香豆干

[NOTE]

● 煎豆干時上頭可以壓一只稍具重量的盤子讓豆干與鍋底接觸的面積更平均,如此煎起來的豆干香味可以更透喔!

■ 材料:
● 豆干 350g
● 青蔥末 3 大匙
● 蒜末 2 大匙
● 辣椒 1 根

【調味料】
● 醬油 2 大匙
● 醬油膏 1 茶匙
● 烏醋 2 大匙
● 香油 1 大匙
● 糖 2 茶匙
● 白胡椒 ½ 茶匙

■ 作法:

1 適量油熱平底鍋,豆干用紙巾吸去多餘水分後放入鍋內慢煎,煎到上下兩面都冒起不均勻的泡泡狀表面略焦時起鍋。

2 煎好的豆干切成小方塊狀,取一只深碗將【調味料】調勻後和豆干塊混合均勻。

3 再將蔥末、蒜末、辣椒丁統統放入拌勻即可。冷藏後食用風味更佳。

螞蟻上樹

■ 材料：
- 粉絲　3 把
- 薑末　1 茶匙
- 豬絞肉　300g
- 辣椒丁　適量
- 蒜末　1 大匙
- 青蔥末　2 ～ 3 大匙

【調味料】
- 李錦記舊庄蠔油　1½ 大匙
- 李錦記辣豆瓣醬　1 大匙
- 米酒　1 大匙
- 醬油　1 大匙
- 白胡椒粉　少許

■ 作法：

1　適量油熱鍋，依序把薑末、蒜末、蔥末、辣椒丁下鍋爆香後下絞肉炒到肉末開始轉白色。

2　將【調味料】統統下鍋翻炒出香氣後加水約 300ml，中大火煮開再把事先泡過水的粉絲下鍋一起煨煮。

3　煮到收汁約 8 成即可關火，蓋上鍋蓋燜一下再撒上青蔥末提味即可。

[NOTE]

● 粉絲在事先泡水時要用剪刀將粉絲剪成 2 ～ 3 段，這樣烹煮和取食都會方便許多喔！

蒼蠅頭

■ 材料：
- 豆干 8～10 片
- 韭菜花 1 把
- 蒜末 1 大匙

【調味料】

- 豬絞肉 150g
- 黑豆豉 1½ 大匙
- 辣椒丁 1 大匙
- 醬油 2 大匙
- 米酒 1 大匙
- 糖 ¼ 茶匙
- 白胡椒粉 適量

【NOTE】

- 黑豆豉切碎後先用油炒香是增添蒼蠅頭香氣的好方法，但因為各家黑豆豉鹹度差異頗大，所以以一半分量切碎炒香，另一半分量最後拌入調整味道是最不容易失敗的方法喔！

■ 作法：

1　先取一半分量的黑豆豉切碎後，適量油熱鍋依序將蒜末、黑豆豉末、辣椒丁炒香。

2　豬絞肉放入炒到肉末轉白色時下豆干丁和【調味料】，翻炒到豆干丁上色。

3　最後再下韭菜花末和剩下的黑豆豉（不用切），翻炒到韭菜末略軟即可。

泡菜蘆筍肉卷

■ 材料：●豬里肌肉 300g　●泡菜 200g　　●蘆筍 16 根　　●泡菜汁 適量
　　　　　【醃漬料】　　●醬油膏 1⅓ 大匙　●黑胡椒 適量　●米酒 1 茶匙
　　　　　　　　　　　●香油 1 茶匙

■ 作法：

1　豬里肌肉切成 4 片，隔著保鮮膜敲薄後，將【醃漬料】均勻抹上。（抹單面即可）。

2　起一鍋滾水並加入適量鹽，將蘆筍汆燙熟後撈起備用。

3　取一片里肌肉片，在沒有抹上醬料的那一面，上頭放一層泡菜絲後，排上 4 根蘆筍，再放上一些泡菜絲捲起，收口朝下備用。

4　適量油熱平底鍋，將肉卷收口朝下下鍋，中小火煎到金黃微焦後再翻面，等肉都熟後起鍋前轉中大火快煎一下上焦色。

5　煎好的肉卷切成適當大小，上頭再隨意淋上一些泡菜汁即可。

【NOTE】

● 因泡菜本身具有一定的鹹度，所以在醃漬肉片時味道不宜過重且以單面醃漬即可，如此才不會搶走泡菜和蘆筍的風味喔。

● 也可以使用火鍋里肌肉片直接操作可以省去切片和敲薄的時間。

深夜食堂風日式炸雞

■ **材料：** •去骨雞腿肉 400g ● 薑末 1 茶匙 ● 蒜末 1 大匙 ● 麵粉 適量
　　　　【醃漬料】 ● 醬油 4 大匙 ● 糖 2½ 茶匙 ● 米酒 2 大匙
　　　　　　　　● 香油 1 茶匙 ● 白胡椒 適量

■ **作法：**

1　去骨雞腿肉切成一口大小後和薑末、蒜末及【醃漬料】抓勻靜置至少約 30 分鐘備用。

2　將醃漬好的雞腿肉丁仔細沾好麵粉下油鍋，中火炸到香酥熟透。起鍋前轉大火逼油即可。

風味糖熏五花薄切

■ **材料**：● 豬五花肉塊　250g　● 老薑　20g　● 辣椒　1 根　● 青蔥　1 大根　● 八角　2 個

【調味料】：　　　● 白胡椒　適量　● 花椒粉　適量　● 米酒　4 大匙　● 鹽　½ 茶匙
　　　　　　　　● 香油　1 大匙

【糖熏料】　　　● 麵粉　3 大匙　● 糖　3 大匙

■ **作法**：

1　用叉子在五花肉塊上叉洞後，將白胡椒和花椒粉均勻的抹在肉上。

2　將老薑、蔥段、辣椒用塑膠袋裝好後用敲肉鎚輕敲再與八角和五花肉塊裝到夾鏈袋中，並加入鹽、米酒、香油搓揉均勻後置入冰箱冷藏至少約 2 個小時以上入味。

3　醃好的五花肉塊連同所有醃料放在一有深度的盤子中，中大火蒸 25 分鐘。

4　取一只炒菜鍋，鍋底鋪上兩張鋁箔紙，再將【糖熏料】倒入開始糖熏。總共約熏 20 分鐘，大約 10 分鐘的時候可以將肉塊翻面以上色均勻。

5　熏好的肉塊放稍涼及可切薄片上桌。用李錦記甘甜醬油露當沾醬超對味～

[NOTE]

● 醃製肉品如果辛香味想要重一點的時候，先將辛香料敲過再和肉類放在一起揉勻靜置是很重要的步驟喔！

● 煙熏的過程中，鍋底請記得鋪至少兩張的鋁箔紙才能避免在熏製過程中鋁箔紙破裂讓鍋底燒焦難清理。

香辣快炒臭豆腐

■ 材料：●臭豆腐 6 片　　●豆芽菜 1 大碗　　●大蒜葉 1 根　　●辣椒 1 大根
　　　　●香菜 1 小株
　　　　【調味料】　　●醬油 2 大匙　　●白醋 2 茶匙　　●糖 ½ 茶匙
　　　　　　　　　　●辣椒醬 1 茶匙

■ 作法：

1　臭豆腐表面水分用紙巾吸乾後，放入加了適量油的平底鍋中，煎到兩面金黃焦香後盛起切
　　成片狀。

2　同鍋補上少量油，將斜切成絲的蒜葉下鍋炒香，下豆芽菜、臭豆腐及【調味料】，輕輕翻
　　炒均勻，起鍋前再下辣椒絲拌炒幾即可盛盤。

3　撒上適量的香菜提味即可。

韓式炸雞

■ 材料：•去骨雞腿肉 3 片 •白芝麻 適量
　　　【炸粉】　•地瓜粉 6 大匙　　•酥炸粉 2 大匙
　　　【醃漬料】•醬油膏 2 大匙　　•醬油 1 大匙　　•香蒜粉 1 茶匙
　　　　　　　•米酒 1 大匙　　　•香油 1 大匙　　•胡椒粉／辣椒粉 適量
　　　【炒醬料】•韓式辣醬 1 大匙　•番茄醬 1½ 大匙　•蜂蜜 1 大匙
　　　　　　　•醬油 ¾ 大匙　　　•水 3 大匙　　　•蒜末 1 大匙

■ 作法：

1　去骨雞腿排用廚房紙巾吸去多餘水分後，肉質厚的部分用刀尖輕劃幾刀再切成適當大小的塊狀。

2　取一深碗將雞肉塊和【醃漬料】充分抓勻並靜置約 20 分鐘入味。

3　【炸粉】混合好後，將醃漬好的雞肉塊均勻地裹上粉料並放置反潮後下油鍋中火炸到金黃香酥後轉大火逼油起鍋瀝油。

4　另取一只碗將除了蒜末之外的【炒醬料】調勻。

5　少量油熱炒鍋將蒜末炒香，下步驟 4 的【炒醬料】煮開後將炸好的雞肉塊回鍋，翻幾次鍋讓醬汁均勻沾附在炸雞上。

6　起鍋再隨意撒上白芝麻即可。

【NOTE】

【炒醬料】中的辣醬和番茄醬比例可以依個人喜好略做調整。食譜中的配方辣度中等算是一般人都能接受的口味。

• 雞肉裹的粉料記得別太多，如此炸完再回鍋翻炒後的炸雞才不會因外層粉皮過厚而膩口。

PART 12

經典配菜系列
千變萬化的
蛋家族

Eggs

培根馬鈴薯烘蛋

[NOTE]

- 配方用量是一人分約 15cm 的荷包蛋煎鍋。

- 培根本身帶鹹味，所以最後的鹽巴可加或不加。筷子在下蛋液時輕畫圈圈除了能讓食材混合均勻外，也能讓蛋液底部烘好後的焦香味更有層次喔！

■ 材料：
- 蛋 1 個
- 馬鈴薯 50g
- 焗烤用起司絲 1 大匙
- 鹽 適量
- 培根 1 片
- 青蔥末 2 大匙
- 黑胡椒 適量

■ 作法：

1　培根切末、馬鈴薯去皮刨粗絲備用。

2　少許油將培根末炒香後下馬鈴薯絲翻炒到馬鈴薯絲開始轉透明色。

3　將蛋打散後倒入鍋中，下鍋時用筷子在鍋底畫圓圈狀待蛋液開始凝固撒上黑胡椒和起司絲蓋上鍋蓋小火慢烘到蛋汁完全凝固，起鍋前撒上蔥末及少許鹽即可。

番茄炒蛋

■ 材料：
- 蛋 4 個
- 牛番茄（大） 2 個
- 青蔥 1 大根
- 薑泥 1 茶匙

【調味料】
- 鹽 ½ 茶匙
- 糖 1 茶匙
- 番茄醬 1½ 大匙
- 白醋 1 茶匙
- 黑胡椒 適量

■ 作法：

1　番茄去蒂切成塊狀，適量油熱鍋將番茄塊、蔥白段、薑泥下鍋炒出香氣。

2　蛋充分打散後倒入，待蛋汁開始凝固時再翻動鍋鏟和番茄拌勻並加入【調味料】。

3　翻炒出香氣後，加入水約 80ml 蓋上鍋蓋燜煮到番茄略軟再用太白粉水勾薄欠即可起鍋。

【NOTE】

- 番茄和蛋下鍋的先後順序不限，蛋液下鍋後火候就不宜過大這樣才能維持蛋汁滑順的口感。

- 最後煮滾的步驟勾薄欠能維持住比較多的湯汁，如果不加也無妨，直接收汁至稍濃稠也可以。

- 薑泥能有效去除蛋汁有時會冒出微微的腥味且巧妙的中和番茄的酸甜味，是家常版番茄炒蛋不可少的好吃小撇步。

超軟嫩茶碗蒸

材料： ●蛋 3 個　　　●鮮蝦 3 隻　　　●米酒 1 大匙
　　　　 ●蒜末 1 茶匙　●昆布醬油 1 大匙　●青蔥末 少許

作法：

1. 蛋先輕輕打散後加入水 300ml 和昆布醬油拌勻後過篩 2 次。

2. 鮮蝦去殼挑腸泥先用少許酒和鹽巴抓勻。

3. 步驟 1 加入蒜末拌勻後倒入耐蒸的容器中再放入電鍋中先蒸 8 分鐘。

4. 開鍋在最上頭（此時蒸蛋表面應該已經開始凝固）排上蝦子再蒸約 4 分鐘即可。

5. 取出後灑上蔥末提味。

[NOTE]

● 軟嫩沽溜的蒸蛋祕訣：

① 打蛋的動作要輕柔，以筷子輕輕拌勻即可，避免在打蛋的過程中打入過多的空氣進去。且一定要將蛋液先過篩再入蒸模。

② 蒸蛋的過程中，蒸鍋或是電鍋蓋上鍋蓋後都要留一點透氣孔，如此可以避免表面產生皺褶。

③ 蒜末和米酒都是提升鮮味大優的好食材。

④ 加入的其他食材不宜太複雜，口味重的朋友可以用高湯取代清水。

起司玉米蛋卷

■ 材料：●蛋 2 個　　●玉米粉 ¼ 茶匙　　●牛奶 35ml
　　　　●糖 ¼ 茶匙　　●起司片 1 片　　●玉米粒 1 大匙

■ 作法：

1　蛋＋牛奶＋玉米粉＋糖充分打勻備用。（如果要蛋卷煎的更好看，打好的蛋奶液可以過篩後再煎）。

2　適量油熱鍋後將步驟 1 的蛋奶液倒入，鍋子要熱到夠燙，蛋奶液一下鍋邊緣就開始凝固的程度。轉小火將玉米粒和撕成小長條狀的起司片放入輕輕將蛋捲起後關火，利用鍋子的餘熱將裡頭的 cheese 片融化。

3　收口朝下起鍋切成合適大小即可。

[NOTE]

● 起司片的口味任選，因為玉米粒帶點甜味所以食譜中選了鳳梨口味的起司片，非常對味喔！

● 食譜內並沒有添加額外的調味料，上桌時可以沾一點番茄醬或是煎兩片火腿搭配一起享用。

茶葉蛋

■ 材料：
- 水煮蛋 6 個
- 醬油膏 2 大匙
- 五香粉 ¼ 茶匙
- 冰糖 2 茶匙
- 白胡椒 ½ 茶匙
- 茶葉 1 大匙
- 醬油 2 大匙
- 八角 4 個
- 鹽巴 1 茶匙
- 米酒 1 大匙
- 滷包 1 個

【NOTE】

- 茶葉可以自選但並不是所有的茶葉都適合久泡，建議以熟茶，茶湯顏色偏深的風味更佳。

- 水煮蛋敲出裂痕時每一個面向的力道可以稍有不同，如此上的醬色就會有深淺蛋殼剝開後吃了深深淺淺醬色的裂痕紋會非常好看喔！

■ 作法：

1   起一鍋 400ml 的滾水將茶葉放入，煮滾後浸泡至少約 1 個小時讓茶湯出味。

2   茶湯中的茶葉取出，並將所有調味料及輕輕敲出裂痕的水煮蛋放入電鍋的內鍋中，外鍋加一杯水煮到電鍋跳起後讓蛋浸泡在茶湯中至少 2 個小時即可。

高麗菜蛋卷

■ 材料：
- 蛋 4 個
- 鹽 ¼ 茶匙
- 黑胡椒 適量
- 高麗菜 ¼ 個
- 蒜末 1 茶匙
- 米酒 ½ 茶匙

■ 作法：

1　高麗菜切細絲，少量油熱鍋後將蒜末炒香下高麗菜絲和鹽巴炒到略軟後盛起放涼備用。

2　蛋和米酒充分打勻，適量油小火熱平底鍋後將蛋液下鍋，上頭鋪上高麗菜絲及適量的黑胡椒，待邊緣開始凝固時慢慢將蛋捲起。

3　蛋捲好後收口朝下煎到定型即可取出切段盛盤。

[NOTE]

- 新手煎蛋卷時火候一定要小，內餡料不要放得太多，以木製的鍋鏟和飯匙輔助慢慢捲起就不容易失敗嚕。

西班牙烘蛋

■ 材料：
- 蛋 5 個
- 馬鈴薯 1 個
- 培根 2 片
- 洋蔥 ½ 個
- 鹽 少許
- 黑胡椒 少許

■ 作法：

1　馬鈴薯去皮切丁、培根切末、洋蔥切絲，1½ 大匙
　　油熱鍋後依序將培根、馬鈴薯、洋蔥絲下鍋炒香。
　　（小火邊燜煮邊拌炒，到馬鈴薯變軟）。

2　將炒好的步驟 1 倒入打好的蛋中並混合均勻。

3　再將混合好的蛋液倒回熱好的平底鍋中，小火一邊
　　用筷子攪動一邊煎，四周用鍋鏟輕輕往內堆使烘蛋
　　邊邊也能圓厚飽滿。周圍差不多都凝固時蓋上鍋蓋
　　悶到中間的蛋液呈不會流動的狀態。

4　上頭蓋上和烘蛋大小差不多的平底盤，將烘蛋倒扣
　　出來後再回鍋內將另一面煎熟。

5　起鍋切成適合分食大小的塊狀後再依個人喜好撒上
　　適量的鹽巴和黑胡椒即可。

[NOTE]

- 炒馬鈴薯丁和洋蔥時油的用量不能太少，且要確實將馬鈴薯燜炒到
  鬆軟才會好吃。（可以採用拌炒後關火燜 5～10 分鐘再進行烹調
  的方法會方便許多）。

- 食譜分量用的是約 20 公分的平底鍋操作的，鍋子要選用小一些的
  烘出來的蛋有一定的厚度包覆鬆軟的馬鈴薯才是這道料理的風味所
  在喔！

三色蛋

■ 材料：
● 蛋 2 個　　● 鹹蛋 1 個　　● 皮蛋 1 個
● 太白粉 1 茶匙　　● 水 50ml　　● 高湯粉 ¼ 茶匙
● 米酒 1 大匙

■ 作法：

1　太白粉、水、米酒、高湯粉混合均勻備用。

2　將蛋黃和蛋白分開打勻，並各自加入一半分量的步驟 1 調勻。

3　鹹蛋、皮蛋去殼後切成細長條。

4　取一個可蒸煮容器，內部先鋪上一層耐熱的保鮮膜。

5　將切好的鹹蛋及皮蛋均勻地鋪在容器底部後倒入步驟 2 調好的蛋白液，入蒸鍋中火蒸 5 分鐘。

6　開鍋再將步驟 2 的蛋黃液倒入，再繼續蓋上鍋蓋蒸 7～8 分鐘，待蛋黃液凝固即可。

7　放稍涼再依個人喜好切成厚或薄片就完成嚕！

起司花園荷包蛋

■ 材料：
- 蛋 1 個
- 起司片 ½ 片
- 番茄丁 適量
- 小黃瓜薄片 適量
- 黑胡椒 少許
- 鹽 少許

【NOTE】

- 小黃瓜片要盡量切成薄片荷包蛋的成品才會美麗喔。
- 全程有開火時必須要維持小火操作才不至將蛋煎到過老或燒焦，若是使用鐵鍋操作，步驟 2 也可以放入烤箱中烤至蛋黃凝固即可。

■ 作法：

1　取一只小平底鍋少許油熱鍋後將蛋打入，蛋白部分開始凝固時即關火。

2　從荷包蛋的外圍往內依序排列上小黃瓜片、番茄丁、和起司碎。（起司擺好後稍微將蛋黃和起司輕輕混合）。再開小火蓋上鍋蓋煎到起司融化。

3　最後灑上少許黑胡椒和鹽巴提味（小朋友則可擠上適量番茄醬）即可。

PART **13**

經典配菜系列
豆腐

Tofu

麻婆豆腐

[NOTE]

- 豆腐事先放入加了鹽的滾水中汆燙備用，是烹煮過程中能維持形狀不易破裂的祕訣喔。

- 步驟 2 的用油也可以事先煉好花椒油使用（如此香氣與入口麻的口感也會越發明顯）。以 1 茶匙花椒粒對 2 大匙油的比例，小火將油燒到花椒粒四周開始起細小泡泡即可關火。將鍋子移開爐灶，花椒粒浸泡在熱油中約 5 分鐘濾掉後即可。

■ 材料：
- 豆腐 1 盒（約 400g）
- 青蔥末 2 大匙
  【調味料】
- 豬絞肉 150g
- 辣椒丁 適量
- 李錦記辣豆瓣醬 1 茶匙
- 醬油 2 大匙
- 糖 1 茶匙
- 蒜末 1 大匙
- 李錦記川式麻辣醬 1 茶匙
- 米酒 1 大匙
- 花椒粉 適量

■ 作法：

1　豆腐切成適當大小方塊狀後放入加了少許鹽的滾水中汆燙後撈起備用。

2　適量油熱鍋，依序將蒜末、辣椒丁爆香後下豬絞肉，翻炒至肉末開始轉白時下調味料中的 1 大匙醬油及辣豆瓣醬炒香。

3　將豆腐倒回鍋中，加入其他所有調味料及水約 200ml，中大火煮滾後轉小火蓋上鍋蓋燜煮約 5 分鐘。

4　開鍋蓋轉中大火後下太白粉水勾薄芡，起鍋前撒上青蔥末提味即可。

金沙豆腐

■ 材料：
- 豆腐 1 盒（約 400g）
- 蒜末 1 大匙
- 白胡椒 適量
- 鹹蛋黃 2 個
- 糖 ¼ 茶匙
- 辣椒丁 適量

【NOTE】

- 鹹蛋黃下鍋時的用油量不能過少，否則不易將蛋黃融化均勻至起泡。

- 金沙本身的鹹味已經相當足夠，不需要額外再加鹹度了喔！且豆腐回鍋後拌炒的時間可以盡量縮短，黏附在豆腐上的金沙在鹹蛋黃起泡略帶沙沙的口感最美味。

■ 作法：

1　豆腐切成適當大小塊狀後放入加了少許油的平底鍋中煎到表面金黃微焦後盛起。

2　一大匙油熱鍋先將蒜末爆香，將剝碎的鹹蛋黃放入小火炒到蛋黃完全融化並開始起泡時將豆腐回鍋輕輕拌炒均勻。

3　起鍋前加入糖、白胡椒、辣椒丁拌勻即可。

蠔油洋蔥豆腐

材料：
- 板豆腐 1 盒（約 400g）
- 鮮香菇 2～3 大朵
- 【調味料】
- 洋蔥 ½ 個
- 紅蘿蔔 1 小段
- 李錦記舊庄蠔油 2 大匙
- 米酒 1 大匙
- 辣椒醬 1 茶匙
- 蒜末 1 大匙

作法：

1　板豆腐用紙巾吸去多餘水分後切成適當大小塊狀，放入加了適量油的平底鍋中煎到表面金黃微焦後盛起。

2　同一鍋補上少許油後依序將蒜末、紅蘿蔔絲、洋蔥絲及香菇片炒香後，將豆腐回鍋，並加入【調味料】及水約 5 大匙。

3　轉中大火待醬汁開始滾後，下少量的太白粉水勾薄芡即可起鍋。

紅燒蝦仁豆腐

■ 材料：
- 豆腐　300g
- 青蔥末　1 大匙
【醃漬料】

- 蝦仁　150g
- 辣椒丁　適量
- 米酒　1 茶匙
- 太白粉　少許

- 蒜末　1 大匙

- 鹽　少許

- 薑泥　1 茶匙

- 香油　1 茶匙

【調味料】
- 李錦記辣豆瓣醬　1 大匙
- 米酒　1 大匙

- 醬油　1 大匙

- 糖　¼ 茶匙

■ 作法：

1　蝦仁開背去腸泥後用【醃漬料】抓勻備用。

2　適量油熱鍋先將切成小丁塊狀的豆腐半煎炒到表面金黃後盛起。

3　同一鍋補少許油依序將蒜末薑泥爆香後，將醃漬好的蝦仁下鍋翻炒到開始轉紅色再將【調味料】中的米酒嗆入、豆腐回鍋拌炒幾下。

4　其他剩下所有的【調味料】倒入並加約 4 ～ 5 大匙的水，中大火拌炒到收汁，起鍋前再將辣椒丁和青蔥末加入拌勻即可。

腐皮粉絲煲

■ 材料：
- 腐皮 2 大張
- 粉絲 1 把
- 豬絞肉 150g
- 大白菜 80g
- 豆芽菜 80g
- 黑木耳 50g
- 紅蘿蔔 20g
- 青蔥 1 根
- 油蔥酥 1 茶匙
- 蒜末 1 茶匙
- 蛋 1 個

【醃漬料】
- 李錦記甘甜醬油露 1 茶匙
- 香油 1 茶匙
- 白胡椒 適量
- 米酒 1 茶匙

【調味料 A】
- 李錦記甘甜醬油露 1½ 大匙
- 李錦記辣豆瓣醬 ½ 茶匙
- 米酒 1 大匙

【調味料 B】
- 李錦記甘甜醬油露 2 大匙
- 李錦記辣豆瓣醬 ½ 茶匙
- 白醋 1 茶匙

■ 作法：

1 白菜、紅蘿蔔、黑木耳、青蔥分別切絲，將【醃漬料】加入絞肉中抓勻備用。

2 適量油熱鍋後，依序將紅蘿蔔絲、肉末、黑木耳絲、豆芽菜、及青蔥絲下鍋炒香，再將泡過水的粉絲和【調味料 A】加入拌勻。

3 再加入油蔥酥和 ½ 量米杯的水，煮到湯汁收乾成為餡料。

4 一大張腐皮分成 4 等份，取一張上頭刷上蛋汁後，放上適量餡料後捲好。

5 腐皮卷收口朝下放在鍋中煎到表面金黃微焦後翻面亦同。再將【調味料 B】和 1½ 量米杯的水倒入鍋中燒約 8 分鐘至湯汁收到約 9 成乾即可。

6 對切後擺盤，再將鍋底的醬汁淋上就完成了～

[NOTE]

- 乾的腐皮在一般傳統市場可以購得，大多是半圓形為一大張。用不完時可收至冷藏保存。

- 因為腐皮本身很乾直接操作很容易碎裂，在內層刷上蛋汁後再將餡料捲起就會容易得多了，同時也能增添香氣。

- 最後與醬汁回燒的階段因為腐皮本身非常能吸醬汁，所以醬汁味道要避免過重才不會太死鹹喔！

茄汁豆腐

■ 材料：•豆腐 300g　　•蒜末 1 大匙　　•青蔥末 2 大匙
　　　【調味料】　　•番茄醬 2½ 大匙　　•醬油 1½ 大匙
　　　　　　　　　•糖 ¼ 茶匙　　　　•白醋 ½ 茶匙

■ 作法：

　1　適量油熱鍋先將切成長塊狀的豆腐煎到表面金黃後盛起。

　2　同一鍋補少許油將蒜末爆香，【調味料】統統倒入拌炒幾下後將豆腐回鍋並加約 150ml 的水煮滾轉小火燜煮 2 分鐘。

　3　開鍋蓋勾薄芡，起鍋前將蔥末加入即可。

薑燒時蔬豆腐

■ 材料：
- 老薑　1 小塊（約 15g）
- 木棉豆腐　1 盒
- 【調味料】
- 蒜瓣　2 個
- 杏鮑菇　2 根
- 大白菜葉　3 ～ 4 大片
- 李錦記甘甜醬油露　3 大匙
- 白胡椒　適量
- 青蔥　1 大根
- 番茄　2 個
- 辣椒　1 根
- 白醋　1 大匙

■ 作法：
1　番茄、大白菜、豆腐、杏鮑菇分別切合適大小的塊狀。青蔥切段、辣椒切片、老薑去皮後磨泥備用。

2　適量油熱鍋後，先將薑泥和蔥白段下鍋炒香，再下番茄丁和大白菜一起翻炒。

3　豆腐、杏鮑菇和【調味料】下鍋後，加約 1 杯量米杯的水，輕拌幾下後蓋上鍋蓋燜煮 5 分鐘。

4　起鍋前加入蔥青和辣椒片並勾薄芡即可。

[NOTE]
- 帶著甜味的甘甜醬油露和薑汁有著意想不到的對味，是道極適合納入便當菜的蔬食料理喔！

PART 14

經典配菜系列
菇類蔬菜

Vegetable

鹹蛋炒秋葵

■ 材料： ●秋葵 200g ●鹹蛋 2個
　　　 ●蒜末 1大匙 ●辣椒末 少許
　　　 ●香油 1大匙 ●糖 ¼ 茶匙

■ 作法：

1　秋葵去蒂頭斜切成片狀，鹹蛋將蛋白與蛋黃分開並切成小丁。

2　1大匙油熱鍋先將蒜末炒香，下鹹蛋黃丁炒至起泡再將秋葵片放入拌炒。

3　鹹蛋白丁、香油、糖及辣椒末下鍋翻炒均勻即可。

手撕醬拌茄子

■ **材料：** • 茄子　2 根　　• 香菜末／辣椒丁　適量

　　　　【調味料】　• 薑末　1 大匙　　　　• 醬油膏　1 大匙　　• 甜辣醬　½ 茶匙

　　　　　　　　　　• 白醋　1 大匙　　　　• 醬油　1 大匙　　　• 糖　½ 茶匙

　　　　　　　　　　• 香油　1 大匙

■ **作法：**

1　茄子切 2～3 段泡入水中 10 分鐘（水裡要加鹽和白
　　醋各 1 茶匙），上面要壓盤子或其他有重量的東西讓
　　茄子整個泡在水裡才能避免氧化

2　把茄子瀝乾，紫色皮面朝上，中大火蒸 7～8 分鐘即
　　可（蒸完要馬上拿出來不然會很容易變色）。

3　蒸好的茄子用手撕成小條狀再淋上用約 1 大匙開水調
　　勻的**【調味料】**，灑香菜末和辣椒丁即可。

[NOTE]

• 關於茄子不變色烹調法也可
　以參考第 73 頁〈塔香冷拌茄
　子〉的說明。

三杯菇

■ 材料：●杏鮑菇 4～5大根　●九層塔 1大把　　　●蒜末 1大匙
　　　　●青蔥末 1大匙　　●辣椒 1 根
　　　　【調味料】
　　　　　　　　　　　　●李錦記舊庄蠔油 1大匙　●醬油 1大匙　●麻油 2大匙
　　　　　　　　　　　　●米酒 2大匙　　　　　　●白胡椒 適量

■ 作法：

1　適量油熱鍋將蒜末爆香，杏鮑菇滾刀切成塊狀下鍋翻炒出香氣。

2　將【調味料】下鍋翻炒，待杏鮑菇都均勻沾上醬色時下九層塔及辣椒末，中大火拌炒幾下起鍋前撒上青蔥末即可。

Vegetable

蜜汁杏鮑菇

■ **材料**：●杏鮑菇 3 大支（約 150g）　　　●地瓜粉 3 ～ 4 大匙　　　●白芝麻 適量
　　　【調味料】　●醬油膏 1½ 大匙　　　●番茄醬 1 大匙　　　●糖 2 茶匙

■ **作法**：

1 杏鮑菇滾刀切成適當大小的塊狀後均勻沾上薄薄的一層地瓜粉。

2 起一油鍋將杏鮑菇過油至表面金黃略呈粗糙狀即可撈起瀝油備用。

3 少量油熱一炒鍋，小火先將【調味料】中的番茄醬下鍋炒香後加入醬油膏和糖，水 1½ 大匙將醬汁煮開後下杏鮑菇，翻鍋幾下使杏鮑菇表面能均勻的沾附蜜汁。

4 起鍋前撒上適量的白芝麻提味即可。

【NOTE】

● 步驟 2 過油時時間不需要太久喔～可以待油溫較高時開中大火下鍋，如此杏鮑菇裡頭的多汁水分才能被鎖住保持風味。

PART **15**

上餐廳必點
中式特色料理
及巷弄小吃

From Taiwan

- 如果想要切成很薄的薄片建議將肉排放置冷藏一晚後再切。

- 步驟 4 的收汁過程，會需要不時用鍋鏟翻動，以免醬汁變濃稠後燒焦，同時也可以讓肉排每一面都均勻沾附上醬料唷！

簡易版蜜汁叉燒

■ 材料：• 豬梅花肉排 2 大片（約 600g）

| 【醃漬醬】 | • 李錦記蜜汁烤肉醬 4½ 大匙 | • 蒜末 1½ 大匙 |

- • 辣椒絲 適量　　• 醬油 ¾ 大匙
- • 米酒 2 大匙　　• 白胡椒 適量
- • 香油 1 大匙

【調味料】　• 蜂蜜 1½ 大匙　　• 番茄醬 1½ 大匙

■ 作法：

1　廚房紙巾將肉排上多餘水分吸除後，用叉子在肉排上叉一些小洞並將【醃漬醬】均勻地抹在肉排上。

2　將肉排和醬汁放入電鍋的內鍋中加入約 1 大匙的水，雙手按揉使醬料能均勻包覆在肉排上。

3　外鍋加約 3 杯水蓋上鍋蓋煮到電鍋跳起。

4　將蒸煮好的肉排連同內鍋的醬汁移入燉煮鍋中加入【調味料】，開中火燒到醬汁略為濃稠即可。

5　待肉排稍涼切片，淋上鍋內蜜汁醬即可。

花雕醉雞

■ **材料：** ●去骨雞腿排 3 大片　　●鹽巴 1 大匙　　●椒鹽 適量　　●紹興花雕酒 1 大匙
　　　　【浸泡料】　　　　　●老薑片 3 片　　●青蔥 1 根　　●冷開水 200ml
　　　　　　　　　　　　　●枸杞 2 大匙　　●紹興花雕酒 200ml

■ **作法：**

1　去骨雞腿排用紙巾吸去多餘水分，將鹽巴和椒鹽均勻的抹在肉的那一面後，再淋上紹興花雕酒靜置入味至少半小時。

2　取適當大小的鋁箔紙鋪在醃好的雞腿排底下，仔細捲成雞肉卷後兩端的鋁箔紙扭緊固定。捲好的雞肉卷放入電鍋中蒸約 30 分鐘。

3　在等待蒸雞肉卷的同時備一小鍋子將除了枸杞和花雕酒之外的【浸泡料】放入煮開（薑片和青蔥要先用刀背拍過），關火再放入枸杞泡約 5 分鐘後再加入花雕酒。並倒入合適的容器中備用。

4　蒸好的雞肉卷連同鋁箔紙一起丟入冰水中冰鎮幾分鐘後拆開鋁箔紙將雞肉卷放入步驟 3 備好的浸泡料。待整個雞肉卷涼透後蓋上蓋子放入冷藏至少兩天。

5　冰涼的醉雞卷切成薄片淋上適量浸泡的醬汁即可。

【NOTE】

●配方做出來的醉雞酒味算是濃厚的，如果想要溫和一點的口味可以在步驟 3 煮【浸泡料】時一開始就放花雕酒一起燒個 5 ～ 10 分鐘，或是調整酒和水的比例亦可。

●枸杞不下鍋煮而改用浸泡的方式可以保持形狀的完整性，在最後擺盤的時候會比較好看唷！

百花油條

■ 材料：
- 油條　1 根
- 蔥花　1 大匙
- 蝦仁　100g
- 蒜末　1 大匙
- 豬絞肉　50g
- 太白粉水　½ 量米杯

【醃漬料】
- 醬油　1 大匙
- 香油　1 茶匙
- 太白粉　2 茶匙
- 白胡椒　適量
- 米酒　1 大匙

【酸甜汁】
- 番茄醬　3 大匙
- 糖　½ 茶匙
- 白胡椒　適量
- 白醋　1 大匙
- 醬油　½ 茶匙

■ 作法：

1　蝦仁去腸泥後拍爛剁成泥和絞肉、【醃漬料】充分混合均勻並攪拌至帶有黏稠度。

2　油條切成長條狀後，用剪刀中間剪開並將步驟 1 的餡料鑲入。

3　將鑲好的油條有餡料的那一面沾上薄薄的麵粉後朝下下油鍋炸至定型，再翻面將油條炸到香酥，起鍋前大火逼油即可盛起瀝油。

4　少量油熱鍋，將【酸甜汁】炒出香氣後再將太白粉水倒入煮滾。

5　將油條回鍋，轉中大火快速拌炒幾下至醬汁濃稠即可。

芋頭鹹粥

[NOTE]

• 芋頭切丁先煎炒後煮，可以在煮成粥時仍然保留比較完整的口感而不至鬆散！

• 食譜中水的添加量最後熬煮出的粥品是還略帶有米飯顆粒狀態的，如果喜歡更軟爛則可以再多添加水分，熬煮時間再拉長一些即可。

■ 材料：
- 冷飯 1 碗（約 200g）
- 蝦米 1 大匙
- 豬肉絲 50g
- 芹菜末 適量
- 芋頭 120g
- 乾香菇 3 大朵

【醃漬料】
- 醬油膏 ½ 茶匙
- 白胡椒 適量

【調味料】
- 油蔥酥 1 大匙
- 香油 1 茶匙
- 鹽巴 ¾ 茶匙
- 白胡椒 ¼ 茶匙

■ 作法：

1　【醃漬料】加入豬肉絲抓勻，乾香菇泡軟後切絲，蝦米泡水後瀝乾備用。

2　適量油熱鍋依序將香菇絲、蝦米炒香，下肉絲拌炒出香氣後將芋頭丁放入一起炒到表面金黃。

3　冷飯倒入，加入水約 700ml 中大火煮滾後轉小火煮到湯汁開始轉濃稠時再下【調味料】。

4　繼續邊攪拌邊煮至米飯成自己想要的軟爛程度，起鍋前撒上適量的芹菜末即可。

鹹酥雞

■ 材料：
- 去骨雞腿排　300g
- 地瓜粉　適量
- 九層塔　1 大把

【醃漬料】
- 薑泥　¼ 茶匙
- 青蔥　1 枝（拍過切段）
- 蒜末　1 大匙
- 醬油　2 大匙
- 糖　1 茶匙
- 米酒　1 大匙
- 香油　1 大匙
- 五香粉　¼ 茶匙
- 蛋　1 個

【調味料】
- 胡椒鹽　適量
- 辣椒粉　適量

■ 作法：

1　去骨雞腿排切成適當大小後取一深碗和【醃漬料】抓勻靜置約 20 分鐘入味備用。

2　將醃漬好的雞腿肉仔細沾上地瓜粉並放至反潮。

3　起一油鍋中小火將雞肉炸至熟，起鍋前轉中大火逼油。

4　將雞肉盛起瀝油後，維持中大火將九層塔下鍋略炸一下。

5　炸好的九層塔與雞肉混合並均勻撒上【調味料】即可。

白菜滷

■ 材料：
- 大白菜 ½ 顆
- 蝦米 1 大匙
- 金針菇 1 小把
- 蛋 1 個
【調味料】

- 香菇 5 朵
- 黑木耳 1 大片
- 紅蘿蔔 1 小塊
- 蒜末 1 大匙
- 李錦記舊庄蠔油 2 大匙
- 白胡椒 ¼ 茶匙
- 香油 1 茶匙
- 油蔥酥 1 茶匙

[NOTE]

- 大白菜本身非常會出水所以在燜煮的過程中只要在一開始時放一點香菇水避免火候有時過旺食材沾底燒焦即可。

- 若煮成湯汁較多時可以加一小把泡過的粉絲一起拌煮也會超美味喔！

■ 作法：
1　大白菜、黑木耳、紅蘿蔔切片，香菇、蝦米分別泡熱水，香菇切大丁備用。
2　將蛋打勻後用小漏勺濾至油鍋中，並以筷子快速攪拌炸成蛋酥後撈出備用。
3　適量油熱一炒鍋，先將蒜末爆香後依序下蝦米、香菇、紅蘿蔔片炒出香氣後再下大白菜、黑木耳及金針菇。燜煮到白菜略軟時下蛋酥及【調味料】，起鍋前勾點薄芡即可。

火燒蝦仁飯

■ 材料：
- 蝦仁 10～12 個
- 白飯 2 碗
- 蒜末 1 茶匙
- 青蔥 1 大枝

【醃漬料】
- 鹽巴 少許
- 米酒 1 大匙
- 白胡椒 ¼ 茶匙

【醬汁料】
- 蒜末 1 大匙
- 醬油 1 大匙
- 辣油 ½ 茶匙
- 李錦記香菇素蠔油 1 大匙
- 味醂 1 大匙
- 白胡椒 適量

■ 作法：

1　蝦仁開背去腸泥用【醃漬料】抓勻備用。

2　適量油熱鍋，先將蒜末爆香後下醃漬好的蝦仁半煎炒到蝦仁轉紅色，將蔥段丟入拌炒幾下後起鍋（此時蝦仁大約 6 分熟左右）。

3　同一鍋將除了蒜末外的【調味料】和水 2 大匙倒入，步驟 1 倒回鍋中翻炒到蝦仁熟後盛起，鍋底的醬汁加入蒜末和 1 量米杯的水煮滾。

4　將白飯倒入鍋中，小火拌炒到白飯將醬汁吸收後盛入碗中。

5　將起先炒的蝦仁擺在飯上，再隨意灑上一點蔥花提味即可。

【NOTE】

- 白飯在煮的時候可以比正常加水量少 1～2 大匙，煮成較有口感的米飯用在此道料理上會更優！

- 步驟 4 在拌炒白飯時最後也可以轉中火不翻動讓飯在鍋底形成少少的鍋巴後再盛起也是別具風味～

豆乳雞

■ 材料 ： ● 去骨雞腿排 2 片　　 ● 地瓜粉　適量
　　　　【醃漬料】
　　　　 ● 辣豆腐乳 2½ 塊　　 ● 醬油 2 茶匙
　　　　 ● 米酒 1 大匙　　　　 ● 糖 ½ 茶匙
　　　　 ● 香油 1 茶匙　　　　 ● 蒜末 1 大匙

[NOTE]

● 辣豆腐乳也可以用不辣的取
　代，但因各家腐乳鹹度有差
　異在調好醃漬料時須先試一
　下味道再依個人口味調整。
　（醃漬炸物用的醬料調好後
　味道一定要偏鹹，食材醃漬
　下鍋炸後才會夠味喔！）

■ 作法：

1　取一只碗先將【醃漬料】中的辣豆腐乳用湯匙壓成泥後和其他醬料調勻備用。

2　去骨雞腿排切成適當大小後和【醃漬料】抓勻靜置約 20 分鐘入味。

3　將醃漬好的雞腿肉仔細沾上地瓜粉並放至反潮。

4　起一油鍋中小火將雞肉炸至熟，起鍋前轉中大火逼油即可。

鹹水雞

■ 材料：•半雞　750g

【調味料 A】	•鹽巴　2 茶匙	•白胡椒　½ 茶匙	•花椒粉　適量
	•米酒　1 大匙		
【調味料 B】	•老薑片　3 片	•青蔥　1 大枝	•花椒粒　1½ 大匙
	•米酒　2 大匙		
【調味料 C】	•鹽巴　¾ 茶匙	•椒鹽　½ 茶匙	•辣油　1 大匙
	•香油　1 大匙	•蒜末　1 大匙	•蔥花　3～4 大匙

■ 作法：

1　【調味料 A】均勻抹在半雞上後靜置至少 1～2 小時入味。

2　取一只深鍋將醃漬好的半雞放入，【調味料 B】加入後（薑片和青蔥段要先拍過），加水至蓋住半雞。大火煮滾後撈起雜質再轉中火煮約 10 分鐘後關火燜 30 分鐘。

3　將半雞取出後冰鎮使雞肉緊實，再放入冷藏冰至涼透。

4　將雞剁成適當大小的塊狀後，和【調味料 C】的醬料拌勻撒上蒜末和蔥花即可。

【NOTE】

•煮半雞的水留下後可當高湯底或當拌炒青菜油水用增添香氣。

•剁雞肉時先在雞肉留下刀痕後再施力剁，且砧板下要墊一塊濕布避免滑動就會容易施力得多。

PART 16

異國料理
簡單重現

Simple & Easy

泰式打拋豬

■ **材料：** •豬絞肉 300g •番茄 1 個 •蒜末 2 大匙 •辣椒 1 根
　　　　 •九層塔 1 大把
　　　　 【調味料】 •醬油 1¾ 大匙 •檸檬汁 1½ 大匙 •糖 1 茶匙
　　　　　　　　　 •魚露 2 大匙 •米酒 1 大匙

■ **作法：**

1　適量油熱鍋，先將蒜末炒香後下豬絞肉翻炒到開始轉白色將調勻的【調味料】加入一半拌炒。

2　番茄切小丁加入拌炒到略軟，再將剩餘的【調味料】、辣椒丁加入，拌炒均勻後加九層塔翻幾次鍋即可。

Simple & Easy

手風琴馬鈴薯

■ 材料：
● 馬鈴薯 2 個　　● 無鹽奶油 20g
【調味料】
● 鹽巴 適量　　● 義大利綜合香料 適量　　● 黑胡椒 適量
● 辣椒粉 適量　　● 香蒜粉 適量

■ 作法：

1　馬鈴薯洗淨後用紙巾吸乾水分，兩側旁邊各放一根筷子，切薄片時刀子會因為碰到筷子而不將馬鈴薯片切斷。

2　將每一片薯片輕輕撥開後灑上一點點【調味料】，上頭放上奶油（一個各一半的份量）進預熱好的烤箱以攝氏 190～200 度烤 30～35 分鐘至表皮焦香。

3　完成後在撒上自己想要加強的調味料即可。

【NOTE】

● 烤盤下要先鋪一層鋁箔紙或烤紙再放上馬鈴薯，如此才不會因隨著烤的過程中滴落的融化奶油而難清理。

● 烤的時候以放烤箱的中底層為佳，以免頂部先燒焦。

● 辣椒粉也可以改成匈牙利紅椒粉就是小朋友也能接受的不辣口味嚕！

【NOTE】

● 喜歡酸味重一些時盛盤
後可以再現擠一些檸檬
汁提味！

● 泰式料理中魚露是許多
料理基底的調味，是不
可或缺的調味料喔！！

免油炸椒麻雞

■ 材料：● 去骨雞腿排 3 片　　● 香菜　適量　　　● 辣椒　1 根
　　　　【醃漬料】　　　　● 鹽　½ 茶匙　　　● 黑胡椒　適量　　　● 花椒粉　適量
　　　　　　　　　　　　　● 米酒　1 大匙
　　　　【椒麻醬】　　　　● 醬油　2½ 大匙　　● 魚露　2 大匙　　　● 糖　1 茶匙
　　　　　　　　　　　　　● 花椒粉　¼ 茶匙　　● 檸檬汁　1½ 大匙　● 蒜末　1 大匙

■ 作法：

1　去骨雞腿排用紙巾吸去多餘水分後，
肉質厚的部分用刀尖輕劃幾刀，將【醃
漬料】在肉的那一面均勻抹上。

2　乾鍋直接以雞腿排皮面下鍋，中小火
煎到焦香後再翻面煎到肉質熟透。起
鍋前再翻回皮面轉中大火將皮面煎香
脆後盛起。

3　在等待煎雞腿排的同時備一小鍋，少
量油將【椒麻醬】中的蒜末炒香後，
其他的醬料也一起下鍋外加 1 大匙水
煮滾後起鍋備用。

4　煎好的雞腿排皮面朝下切成片狀後盛
盤，淋上步驟 3 備好的椒麻醬汁，再
撒上香菜末及辣椒丁即可。

紅酒燉牛肉

■ 材料：
- 牛肋條 800g
- 奶油 10g
- 黑胡椒 適量
- 麵粉 適量
- 紅酒 700ml

【蔬菜料】
- 洋蔥 1½ 個
- 紅蘿蔔 1 根
- 番茄 1 個

【調味料】
- 番茄糊 5 大匙
- 月桂葉 4 片
- 洋香菜 適量
- 海鹽 適量
- 起司絲 1 大匙

■ 作法：

1　牛肋條切成適當大小塊狀撒上黑胡椒再沾上薄薄的一層麵粉後，下以適量油熱的平底鍋中煎到表面微焦香後移到燉鍋中。

2　同一平底鍋直接加入奶油熱鍋後，將切成小塊狀的【蔬菜料】統統放入炒香後再倒入燉鍋中。

3　燉鍋中加入紅酒和【調味料】中的番茄糊和月桂葉，中大火煮滾後轉小火慢慢燉煮約 80 分鐘至牛肋軟爛。

4　起鍋前在加入【調味料】中的海鹽、洋香菜和起司絲，將味道調整至自己喜歡的口味即可。

【NOTE】

- 通常紅酒牛肉我不會燉完馬上吃而是會放涼後冷藏隔夜再拿出來回熱。肉質會在隔了夜之後混合紅酒和燉菜交互作用而更顯美味。

- 也有一種做法是將紅酒、牛肋、蔬菜料及【調味料】中的香料統統放入燉鍋中先靜置一晚後再拿出來料理，作用和我料理完後隔了夜再吃的意思相近，可以依個人的習慣選擇自己喜歡的做法喔！

韓式韭菜煎餅

■ 材料：•豬五花薄片 100g •韭菜 100g
　【餅糊料】　•麵粉 90g
　　　　　　•椒鹽 ¼ 茶匙
　　　　　　•香油 1 茶匙
　　　　　　•蛋 2 個

[NOTE]

• 五花肉片記得選用火鍋用的
涮肉薄片才能和餅糊同步煎
熟！

■ 作法：

1　五花薄片切小片狀，韭菜切末備用。

2　取一大盆，將【餅糊料】中的蛋打勻
　後，麵粉過篩及其他調味料放入後加
　約 150ml 的水調勻。

3　將步驟 1 倒入餅糊料中拌勻。

4　1 大匙油熱平底鍋，將調好的步驟 3

全部倒入鍋中，中小火慢煎，等底部
焦香後再翻面煎到香酥即可盛盤切成
適當大小片狀上桌。

5　沾醬以醬油、辣椒醬、白醋和少量的
　香油調製，比例可以個人喜好自由調
　整。

Simple & Easy

親子丼

■ 材料：
- 去骨雞腿排 2 片
- 洋蔥 1 個
- 蛋 2 個
- 海苔絲 適量
- 七味唐辛子 適量
- 黑胡椒 適量
- 白飯 2 碗

【醬汁】
- 柴魚醬油 3 大匙
- 味醂 3 大匙
- 米酒 1 大匙
- 白胡椒 適量

■ 作法：

1　去骨雞腿排切成一口大小的塊狀。適量油熱鍋後先將洋蔥絲炒到半透明狀再將雞肉塊下鍋一起拌炒至雞肉表面開始變色。

2　將【調味料】和 1 量米杯的水倒入，待雞肉煮熟時淋上打好的蛋液，邊淋邊輕輕晃到鍋子即可不需要翻動。

3　蛋液凝固後即可盛起，先將鍋底留下的醬汁拌入飯中再蓋上炒好的材料，加適量的七味唐辛子和黑胡椒，再隨意放上一些海苔絲即可。

【NOTE】

- 步驟 2 只要醬汁煮滾時就可下蛋汁，凝固後即關火。如此才能保持雞肉和蛋的軟嫩滑順喔！

韓式泡菜豬肉

■ 材料：
- 豬里肌肉片　200g
- 青蔥絲　適量

【醃漬料】
- 韓式泡菜　180g

- 香油　1 大匙
- 泡菜汁　3 大匙

[NOTE]

- 里肌肉片因為肉質偏瘦，拌炒前先拌上一點油脂，可以避免肉質在炒的過程中變柴！

- 泡菜本身鹹味已經很重，所以基本上不太需要其他調味料的輔助喔～

■ 作法：

1　豬里肌肉片切成適當大小後加入【醃漬料】抓勻備用。

2　適量油熱鍋，先將肉片下鍋炒出香氣後將泡菜（先切成和豬肉片差不多大小）倒入一起翻炒至肉片熟。

3　起鍋盛盤再擺上適量青蔥絲提味即可。

Simple & Easy

簡易大阪燒

■ 材料：
- 高麗菜 ⅓ 個
- 培根 3 片
- 青蔥末 適量
- 柴魚片 適量

【麵糊料】
- 蛋 2 個
- 低筋麵粉 3 大匙
- 玉米粉 3 大匙
- 油 ½ 茶匙
- 黑胡椒 適量

【沾醬】
- 沙拉醬 1 大匙
- 醬油膏 1 大匙

■ 作法：

1　將【麵糊料】充分混合均勻備用。（蛋打散後，玉米粉和麵粉分次篩入拌勻，將麵糊過篩後再加上油和黑胡椒調勻。太濃稠的話可再加上 1 茶匙的水）。

2　培根切大丁，高麗菜切細絲備用。

3　適量油熱平底鍋，先放 1 大匙麵糊進鍋中再放上高麗菜絲、培根丁、蔥花、黑胡椒後，再均勻淋上適量麵糊，小火慢煎到底部的麵糊固定成型。

4　翻面後拿一只比較重的陶瓷盤子壓在上頭，散落在旁的材料往中間推緊，小火慢煎約 4～5 分鐘。等培根呈焦香狀態再翻回正面即可盛起。

5　煎好的大阪燒上頭刷上調勻【沾醬】後，再擺上適量的蔥花和柴魚片就完成了。

【NOTE】

- 煎大阪燒時全程用小火慢煎到定型再翻面；翻面時可以使用兩隻鍋鏟輔助，這樣就能煎出完整不散落的大阪燒唷！

香酥蔥香馬鈴薯

■ 材料：
- 馬鈴薯 2 個
- 青蔥末 3 大匙
- 【調味料】
- 鹽 1 茶匙
- 奶油 10g
- 黑胡椒 適量
- 辣椒粉 適量
- 義大利綜合香料 適量
- 鹽 適量

[NOTE]

● 馬鈴薯燜煮到鬆軟所需要的時間和切成丁塊的大小有關，不過一般來說會比用電鍋蒸得來的省上一些時間。

【調味料】的部分可以依個人喜好變化，加咖哩粉、匈牙利紅椒粉、孜然粉都是別具風味的其他選擇！

■ 作法：

1　馬鈴薯帶皮洗淨後切成大丁塊狀放入加了鹽的滾水中，中火滾約 10 分鐘後關火燜 10 ～ 15 分鐘撈起瀝乾（馬鈴薯要到筷子可以刺穿的鬆軟程度喔！）。

2　奶油加 1 茶匙的橄欖油熱平底鍋，奶油未完全融化時即把瀝乾的馬鈴薯塊下鍋小火慢煎到表面金黃焦香。

3　起鍋前將青蔥末及【調味料】加入，拌炒均勻即可。

Simple & Easy

月亮蝦餅

■ 材料：●蝦仁　500g　●餛飩皮　約 25 張
　　　　【調味料】　●薑泥　1 茶匙　　●青蔥末　2 大匙　　●魚露　1 大匙　　●香油　1 大匙
　　　　　　　　　　●米酒　1 大匙　　●白胡椒　1 茶匙　　●鹽　¼ 茶匙

■ 作法：

1　蝦仁開背去腸泥用刀背拍過後剁碎（不需要剁到完全泥狀，稍帶有蝦肉塊的口感會更好）。

2　將【調味料】和步驟 1 充分混合均勻，並輕輕甩打出黏稠度。

3　取一張餛飩皮，中間放入適量的蝦仁餡料後，餛飩皮四周沾上一點水對折包起呈三角狀，下油鍋炸到金黃香酥即可。

【NOTE】

● 餛飩皮用一般小張的即可。由於餛飩皮薄，蝦泥又算是易熟的食材，所以下鍋油炸時只要到表面金黃香酥就可以起鍋嚕！

● 吃時搭配泰式甜辣醬為沾醬會更對味！

泰式涼拌秋葵

■ 材料：● 秋葵 150g　　● 番茄 1 個　　● 洋蔥 ½ 個　　● 蒜末 1 大匙
　　　　● 辣椒 1 根　　● 香菜末 適量
　　　　【涼拌醬汁】　● 魚露 1 大匙　　● 糖 1½ 茶匙　　● 香油 1 茶匙
　　　　　　　　　　● 檸檬汁 1 大匙

■ 作法：

1　秋葵用適量鹽巴將表面絨毛搓除後洗淨，整根放入加了少許鹽的滾水中汆燙撈起冰鎮。

2　冰鎮好的秋葵蒂、尾端去除後切成片狀，取一深沙拉盆將秋葵片、番茄丁、洋蔥丁混合均勻。

3　【涼拌醬汁】加入 1 大匙冷開水拌勻後到入步驟 2 中拌勻。

4　再將蒜末、辣椒丁、香菜末拌入即可。

Simple & Easy

日式烤肉丼

- **材料：** ・豬五花燒肉片 200g
  【醃漬料】
  - ・青蔥末 適量
  - ・李錦記蜜汁烤肉醬 1½ 大匙
  - ・蒜末 1 大匙
  - ・香油 1 茶匙
  - ・白飯 1 大碗
  - ・薑泥 1 茶匙
  - ・米酒 1 大匙
  - ・椒鹽 適量

- **作法：**

  1 　燒肉片和【醃漬料】抓勻後靜置約 15 分鐘入味。

  2 　少量油熱平底鍋，將醃漬好的燒肉片放入鍋中一
  　　面煎到金黃焦香後再翻面。

  3 　煎好的肉片鋪在白飯上，再撒上適量的蔥末即可。

義式鮮蝦炒什菇

[NOTE]

● 新鮮菇類在拌炒時會釋出不少的水,所以在拌炒時可以完全不需要額外添加水分喔!

■ 材料：
● 草蝦 12 隻
● 杏鮑菇 1 大根
● 新鮮香菇 6 朵
● 秀珍菇 6 朵
● 番茄 1 個
● 蒜末 1 大匙
● 香菜末 適量
● 奶油 適量
【調味料】
● 巴薩米可酒醋 2 大匙
● 白酒 1 大匙
● 糖 ¼ 茶匙
● 檸檬汁 1 大匙
● 鹽 少許
● 黑胡椒 少許

■ 作法：
1 草蝦去殼挑腸泥後可先用少許的酒和鹽巴醃漬（分量外）。
2 奶油熱鍋後將蒜末爆香,蝦子放入鍋中開始變色時嗆入【調味料】中的白酒翻炒幾下,再放入番茄丁及各種菇類塊拌炒出香氣。
3 將剩餘的所有【調味料】統統放入拌炒至蝦子全熟後即可起鍋。
4 盛盤再隨意灑上一些香菜末提味即可。

Simple & Easy

番外篇I 萬用的番茄底醬

■ **材料**：
- 牛番茄 6 個
- 番茄糊 1 罐
- 糖 適量
- 蒜瓣 10～12 個
- 番茄醬 1～2 大匙
- 鹽 適量
- 洋蔥 1 個
- 洋香菜 1 大匙
- 無鹽奶油 25g
- 黑胡椒 適量

■ **作法**：

1　牛番茄汆燙去皮後切成小碎丁狀。 洋蔥切小碎丁。蒜瓣切成蒜末。

2　取約 15g 的無鹽奶油放入鍋中，中小火在奶油還沒全部融化時將蒜末放入炒香。

3　再把洋蔥末倒入炒到微微的焦糖化後，番茄碎倒入並加上洋香菜和黑胡椒拌炒到番茄丁開始稍變軟。

4　加入番茄糊和約 300ml 的水，小火煮約 10～15 分鐘，煮時要稍加攪拌避免黏鍋底。起鍋前先將番茄醬、黑胡椒、糖和鹽加入調整味道，再將剩下約 10g 奶油丟入關火，讓餘熱將奶油融化後拌勻即可。

[NOTE]

- 這一款醬料可以用於 PIZZA 底醬，各種 PASTA 紅醬的基礎味道，以及各式的燉飯焗烤類……等等非常方便又美味喔！

番外篇 II 經典白醬

■ 材料：
- 低筋麵粉 40g
- 無鹽奶油 30g

【調味料】

- 洋蔥 ½ 個
- 全脂鮮奶 300ml
- 鹽 ½ 茶匙
- 黑胡椒 ½ 茶匙
- 香蒜粉 ¼ 茶匙

[NOTE]

- 混合了一定粉量的白醬在拌炒時會比較容易發生沾鍋底的情形，因此全程要維持小火拌煮，尤其加鮮奶後只要到微滾的狀態就可以關火囉！

- 煮好的白醬涼透後分袋裝好入冷凍保存隨時取用十分方便。

■ 作法：

1. 無鹽奶油加上少許橄欖油熱鍋，將洋蔥末下鍋翻炒到軟。

2. 低筋麵粉過篩後倒入鍋中快速攪拌成糊狀。

3. 將鮮奶慢慢倒入鍋中，維持小火邊攪拌邊加，直到醬汁變成濃稠狀即可關火。

4. 最後將【調味料】放入拌勻就完成了。

番外篇Ⅲ香料麵包粉

■ 材料：●吐司邊　適量

【調味料】　　　　　●香蒜粉　適量　　　　　●鹽　適量

　　　　　　　　　●黑胡椒　適量

■ 作法：

1　吐司邊放果汁機或食物處理機打碎。

2　少許油熱平底鍋，將打碎的麵包粉倒入小火拌炒，炒到深深淺淺的咖啡色時加入【調味料】拌勻即可。

3　放涼後在放入密封罐中保存。

[NOTE]

● 【調味料】的選擇可以很多樣化，依個人喜好做變化即可。

● 香料麵包粉的用途也很廣泛，可以當各式免炸肉排的香酥外皮，也可以當濃湯或焗烤類最後添加口感和香氣小物，拌在沙拉中也很美味！

Sweetie

QQ 地瓜球

■ 材料：
- 地瓜泥（熱的） 200g
- 樹薯粉 130g
- 細砂糖 35g

■ 作法：

1　地瓜泥趁剛蒸好還是熱的時候和粉料及砂糖揉成麵糰，搓成長條狀後取一個一個搓揉成球。

2　起油鍋油不需要到熱就可以把地瓜球放入，小火慢炸到開始變色再用鏟子輕輕拌一下。

3　地瓜球開始浮起時就轉中火，一邊用濾網按壓出空氣一邊炸，按壓要確實地瓜球才會蓬起來，大概持續個 1 分半～ 2 分鐘轉大火逼油就完成嚕～

[NOTE]

- 步驟 1 中 1 個顆地瓜球的重量可以抓在 5g ～ 10g 之間。

- 粉的添加量和地瓜泥的濕度有關係，以麵團揉起來不沾手就可以了。搓揉成球的時候可以在手掌心滴一滴水，這樣會方便操作很多～

黑糖糕

■ 材料：【粉料】 ● 低筋麵粉 170g ● 中筋麵粉 30g

● 玉米粉 20g ● 泡打粉 12g

　　　　　【黑糖液】 ● 黑糖 100g ● 蜂蜜 2 大匙

● 紅茶茶葉 5g

■ 作法：

1　製作黑糖液：紅茶茶葉用約 100ml 的水煮成紅茶，再
　　加入黑糖和蜂蜜小火煮到糖融化。

2　所有【粉料】過篩後和黑糖液混合，並加入 ½ 茶匙的
　　油拌勻。

3　備一個 6 吋模，模內先塗上薄薄的一層油後將步驟 2
　　倒入，並輕敲出氣泡。

4　放入蒸鍋中，水滾後蒸約 20 分鐘以竹籤插入不沾黏
　　即可。

5　放稍涼脫模後切成合適大小的片狀就可以享用了。

[NOTE]

● 紅茶茶湯的部分也可以直接
用水取代，用茶湯帶有一種
淡淡茶香可以稍紓解黑糖的
膩。

225

炸鮮奶

■ 材料：【鮮奶凍】 ●全脂牛奶 500ml ●玉米粉 80g ●白細砂糖 90g
                  ●香草精 2～3滴

        【麵糊】 ●低筋麵粉 100g ●水 90g ●蛋 1個

                ●油 1大匙 ●鹽 少許

■ 作法：

【鮮奶凍】

1 取一大盆把玉米粉過篩後及其他所有
   材料全部放入並攪拌均勻。（如果有
   結塊的情況發生記得要把拌好的鮮奶
   液過篩至少1次）。

2 中火隔水加熱並一邊攪拌10分鐘後，
   鮮奶液會漸漸變成香滑的糊狀，此時
   就可關火。

3 拿一個耐熱模四周先抹上薄薄的奶
   油，將鮮奶糊倒入模中，上頭覆蓋一
   張保鮮膜，用手掌輕輕將鮮奶糊壓平

整後拿掉保鮮膜再放入鍋中蒸10分鐘
即可。

4 蒸好的鮮奶糊放涼後，再蓋上保鮮膜
   入冷藏至少2個小時定型成奶凍後即
   可倒扣取出再切成喜歡的大小即可。

5 將【麵糊】調勻，切成適當大小的鮮
   奶凍均勻沾上麵糊後下油鍋炸到表面
   金黃酥脆即可。

三色鮮奶凍

■ 材料： ●鮮奶凍 適量　　●椰絲 適量　　●花生粉 適量　　●黑芝麻粉 適量

作法：

1　鮮奶凍的製作方法請參考【炸鮮奶】。

2　再將鮮奶凍均勻沾上自己喜歡的沾粉即可。

Sweetie

綠豆涼糕

■ 材料：•綠豆仁（去皮）600g　　•白細砂糖　210g
　　　　•吉利 T 粉　4½ 大匙

■ 作法：

1　綠豆仁洗淨泡水至少 1 個小時。

2　將綠豆仁水瀝乾後放入內鍋中，加入約 1000ml 的水，外鍋放 2 杯水將綠豆仁蒸熟。

3　蒸熟的綠豆仁放入果汁中打成泥。（食譜的分量較大所以分了 2 次打，打的時候如果發現太過濃稠可以加一點點水方便攪打。）

4　綠豆泥＋糖＋吉利 T 粉統統倒入鍋中，小火煮到吉利 T 完全融化即可。（煮時要一邊攪拌避免底部沾鍋燒焦，不需要到滾的狀態，微微起泡，糖和粉都融化即可。）

5　將步驟 4 倒入模子中，放涼表面蓋一張保鮮膜（防止接觸空氣的那一面變硬），再放入冷藏至少 2～3 小時就完成了。

6　再將綠豆涼糕倒扣切成塊狀即可。

[NOTE]

• 綠豆仁在一般超市就有，吉利 T 粉請到烘焙材料行找。也可以使用吉利丁片，但吉利 T 粉在這道甜品中效果比較優。

• 食譜分量最後成型用的是 35cm✕25cm 的長方型有深度烤盤，用一般的深碗或圓型模都可以。初次上手的朋友可以先從分量減半試試。

蜜紅豆

■ 材料：• 紅豆 1 杯 （量米杯）
　　　　• 水 1½ 杯（量米杯）
　　　　• 白細砂糖 5 大匙
　　　　• 鹽 少許

■ 作法：

1　用電鍋內鍋裝紅豆和水，讓紅豆浸泡在水中約 5
　　個小時。

2　外鍋加一杯水，內鍋放入後煮到電鍋跳起燜約
　　10 分鐘。

3　開鍋蓋將糖和鹽放入攪拌均勻。外鍋再加 1⅓ 杯
　　的水煮到電鍋跳起後再燜約 5 分鐘即可。

[NOTE]

• 配方的做法蜜出來的紅豆鬆
　軟中還會帶有點口感的，如
　果喜歡紅豆到完全軟爛的朋
　友可以浸泡時間拉到 6 小時
　以上，內鍋的水量也可以多
　加 1～2 大匙。

• 加鹽的目的是可以稍有防止
　脹氣的作用喔～

地瓜餅

材料：
- 地瓜　100g
- 糯米粉　100g
- 牛奶　50ml
- 糖　2大匙
- 黑糖蜜　適量

作法：

1　地瓜切薄片放電鍋中蒸熟，趁熱壓成泥並和糯米粉、牛奶拌成糰。

2　取適量地瓜糰搓成圓球狀後用掌心壓扁再放入少許油的平底鍋中，小火兩面煎香即可。

3　隨意淋上一些黑糖蜜搭配一起吃更對味。

[NOTE]

- 因為每個地瓜含水量不同，在混合成糰時以不沾黏手為原則，牛奶的添加量可以自行微調。

- 糖的用量可依個人口味酌量增減。

紅豆燕麥糯米粥

■ 材料：●紅豆 1 量米杯　●糯米 ½ 量米杯
　　　　●燕麥 4 大匙　　●黑糖 5 大匙
　　　　●冰糖 100g

■ 作法：

1　紅豆洗淨後，直接放入平底鍋中小火慢炒到水分
　　都收乾後關火蓋上鍋蓋燜 10 分鐘。

2　再將洗淨的糯米放入，加 3 大匙水開小火慢炒到
　　水分收乾再蓋上鍋蓋燜 5 分鐘。

3　將燜好的紅豆糯米統統倒入電鍋內鍋中，燕麥倒
　　入並加水 6 ½ 杯，外鍋 2 杯水煮到電鍋跳起。

4　將黑糖和冰糖倒入，外鍋再加 ½ 杯水煮到電鍋
　　跳起即可。

[NOTE]

● 紅豆利用乾鍋炒過後再煮是
　一種不需要事先泡水又可將
　紅豆煮軟的快速方法，成品
　會比泡長時間水的紅豆外觀
　來的完整也更有口感些。如
　果喜歡紅豆非常軟爛的狀
　態，則還是以事先將紅豆浸
　泡至少 4 ～ 6 小時候再煮的
　方式喔。

● 紅或綠豆甜湯在烹煮時糖一
　定都要留到最後的階段再放
　才不會讓豆子久煮都不易軟
　爛。

焦糖紅豆派

■ 材料：• 蜜紅豆　適量　　• 冷凍起酥皮　4 張
　　　　• 棉花糖　8 個　　　• 蜂蜜　少許
　　　　• 水　少許

[NOTE]

• 烘烤的過程中棉花糖會逐漸轉化成焦糖液，也有可能會從收口處滲出，滲出的部分經過烘烤後會變成脆脆的焦糖片，也很好吃～

• 刷蜂蜜水的目的是為了防止起酥片過度膨脹，也可以刷奶蛋液取代。

• 一定要等到稍涼在下刀切才不會鬆散喔～～

■ 作法：

1　取適量蜜紅豆抹在冷凍起酥皮的中間上頭在擺上棉花糖 4 小個（一個棉花糖對半切成 2 小個）。

2　將起酥皮包起來收口處朝下。（此時棉花糖會在底部的位置）。

3　表面輕劃幾刀後刷上薄薄的一層蜂蜜水即可進預熱好的烤箱中，攝氏 200 度烤約 15 分鐘，表面金黃香酥即可。

4　待稍涼切成小塊狀即可享用。

PART 18

西式甜點

Dessert

【NOTE】

● 蒸布丁要細緻打蛋的時候動
  作要輕柔，避免將過多的空
  氣打入。

● 布丁液一定要過篩後再蒸，
  蒸的火候不要大，時間不要
  過久，如此就能完成滑嫩布
  丁！

蒸焦糖布丁

■ 材料：【雞蛋布丁】　● 蛋 2 個　● 全脂鮮奶 200ml　● 鮮奶油 20ml　● 糖 40g
　　　　【奶油焦糖液】　● 糖 25g　● 水 2 大匙　● 無鹽奶油 8g

■ 作法：

1　全脂鮮奶和糖放入一小鍋中小火邊攪拌邊加熱到糖融化。（鮮奶會是溫中帶一點點熱狀
　　態）。

2　取一大碗將蛋打勻後緩緩將步驟 1 的鮮奶沖入拌勻再倒入鮮奶油混合均勻即成為布丁液。

3　將布丁液過篩 2～3 次後倒入布丁烤模中，中小火蒸 12 分鐘即可。（蒸的時候鍋蓋要預
　　留一點孔隙以免水蒸氣滑落布丁表面蒸出凹洞）。

4　焦糖液製作：乾鍋將糖和水放入加熱，不需要攪拌一直到糖漸漸融化成褐色。關火將奶油
　　放入，利用餘熱將奶油融化後拌勻即可。

5　將煮好的焦糖液先倒入烤模中放涼凝固，再倒入布丁液進鍋中蒸，就是焦糖布丁嚕！

日式輕乳酪蛋糕

■ 材料：•奶油乳酪　250g •鮮奶　250ml •低筋麵粉　40g
　　　　•玉米粉　20g •蛋　4 個 •糖　90g

■ 作法：

1　奶油乳酪先在室溫下軟化後切成小塊放到鋼盆中用電動攪拌器中或低速打到滑順，再將鮮奶加入拌勻。

2　蛋黃一次一顆放入牛奶起司糊中，拌勻了再放一顆直到 4 個蛋黃都加入。

3　低筋麵粉和玉米粉混合後過篩，分 3 次拌入起司糊中，輕輕以刮刀拌到無顆粒的狀態。

4　另備一鋼盆放入 4 個蛋白，糖分 2 次加入，用電動攪拌器中高速攪打到蛋白霜在攪拌器上沾起後會呈倒鉤狀不滑落。

5　取 1～2 大湯匙起司糊先和蛋白霜混合均勻再和剩下的起司糊整個拌勻。拌的時候以刮刀由下往上輕輕翻拌均勻，不過過度攪拌以免蛋白霜消泡過多。

6　將步驟 5 倒入事先抹好薄薄一層奶油的烤模中（食譜分量是 7～8 吋模），進預熱好的烤箱，烤盤底部加熱水，以攝氏 150 度烤約 50 分鐘，最後 5 分鐘若蛋糕表面沒上色，則可以移到烤箱上層烘烤，再以竹籤插入不沾黏蛋糕糊即可。

[NOTE]

• 烘焙輕乳酪蛋糕時維持較低溫並隔水烘焙，是維持蛋糕體不破裂的方法喔！

• 蛋糕完成後放至涼透，再進冷藏至少約 2 個小時為更美味！

奶油巧克力餅乾

■ 材料:● 無鹽奶油 200g ● 白細砂糖 90g ● 蛋黃 2 個 ● 花生醬 適量

【粉料】

【原味麵糰】	● 低筋麵粉 120g	● 泡打粉 1 茶匙	● 香草粉 ½ 茶匙
【巧克力麵糰】	● 低筋麵粉 100g	● 可可粉 20g	● 泡打粉 1 茶匙

■ 作法:

1　無鹽奶油和蛋都放在室溫中回溫。兩種不同麵糰的粉料分別過篩裝好。

2　白細砂糖分 2～3 次加入奶油中用電動攪拌器打到奶油發白。

3　再將蛋黃一次加入一顆進入奶油糊中直到攪打成滑順奶油蛋黃糊。

4　將奶油蛋黃糊平均分成兩分的量。 兩種口味的粉料分別加入並用刮刀拌勻。

5　取適量拌好的麵糊糰,輕搓成小圓球後用手掌輕壓成小圓餅乾型(大約 3cm 直徑左右,一種麵團可以做約 25～30 片)。烤完後會膨脹到大概 4cm,所以擺放在烤盤上的間隔距離不要太密)。

6　要包餡料的就在中間放上一點後再搓成圓球壓扁。

7　進預熱好的烤箱,以 160 度烤約 18 分鐘。剛出爐會非常鬆軟,要等放涼一點即可享用。

烤麵包布丁

■ 材料：●吐司邊 6～8 條　●葡萄／蔓越莓綜合乾 2～3 大匙　●白蘭地 適量
　　　　【奶黃液】　　　●蛋黃 2 個　　　　　　　　　　　　　●全脂鮮奶 160ml
　　　　　　　　　　　●鮮奶油 40ml　　　　　　　　　　　　●糖 30g

■ 作法：

1　將【奶黃液】中的所有材料混合均勻並過篩 2 次備用。葡萄／蔓越莓綜合乾浸泡在白蘭地中。

2　準備一烤模四周刷上薄薄的奶油，將吐司邊切成小丁狀，葡萄／蔓越莓綜合乾取適量放入。

3　【奶黃液】倒入烤模至 8 分滿進烤箱以攝氏 190 度烤約 8～10 分鐘至蛋液凝固成布丁狀態。

4　上頭再隨意篩入一些糖粉即可。

[NOTE]

● 不喜歡酒味，葡萄／蔓越莓綜合乾也可以不浸泡直接放入奶黃液中和吐司丁一起烘烤。

● 若使用一般家用小烤箱，則需要在小型烤模上蓋鋁箔紙，紙上保留一些透氣孔後再進烤箱烘烤約 10 分鐘，最後 1 分鐘時將鋁箔紙掀開讓土司上點焦香色即可。

簡易巧克力蛋糕

[NOTE]

● 作法用的是方型烤模最後的成品大約
就是 2 公分厚度的蛋糕體，所以烘
焙時間非常短，大約 15 分鐘就可以
完成了。

食譜中的分量也可以使用 6 吋圓模，
但因為相對起來蛋糕體的厚度變厚
了，所以烘焙的時間要拉長到 20 ～
25 分鐘左右，烤好以竹籤插入不沾
黏蛋糕糊即可。

■ 材料：● 苦甜巧克力 160g ● 無鹽奶油 90g ● 白細砂糖 60g ● 蛋（常溫） 3 個
● 低筋麵粉 75g ● 無鋁泡打粉 ¼ 茶匙 ● 卡魯哇咖啡酒 1 茶匙

■ 作法：

1 巧克力先剝成小塊狀後放入小鍋子中
並將卡魯哇咖啡酒加入，隔水加熱至
融化。

2 再將無鹽奶油也是分成小塊狀分次丟
進步驟 1 中慢慢攪拌到完全融化。（此
時可將爐火關掉，用鍋內巧克力漿餘
熱把奶油融化即可）。完成後先預留
2 ～ 3 大匙的巧克力醬當作淋醬用。

3 蛋＋糖隔熱水用手持電動攪拌機打發
至牙籤插入不傾倒的蛋糊。

4 低筋麵粉＋泡打粉混合均勻後過篩，
分次拌入蛋糊中（用刮刀輕輕的由下
往上拌即可）。

5 取一大瓢蛋糊先和巧克力醬混合均
勻。

6 再將步驟 5 加入蛋糕中混合成巧克力
麵糊。

7 備一只方形烤模（約 25cm×25cm）
內部抹上奶油後沾上薄薄的一層低筋
麵粉。

8 將巧克力麵糊倒入模中，輕敲模子使
多餘的氣泡排出後進預熱好的烤箱，
以攝氏 190 度烤約 15 ～ 18 分鐘，牙
籤插入無蛋糕糊沾黏就完成了。

9 巧克力蛋糕放稍涼脫模後取出，切成
合適大小的長塊狀再隨意淋上一點起
先預留的巧克力醬（步驟 2），再灑
上自己喜歡的堅果類即可。

免烤檸檬起司蛋糕

■ 材料：【餅乾底】　　●消化餅乾　90g　　●無鹽奶油　40g
　　　　　【蛋糕體】　　●奶油乳酪　250g　●牛奶　100ml　　●鮮奶油　50ml
　　　　　　　　　　　　●白細砂糖　70g　　●吉利丁片　3 片　●檸檬汁　1½ 大匙
　　　　　　　　　　　　●檸檬皮屑　2 茶匙

■ 作法：

1　消化餅乾用塑膠袋裝好後，拿擀麵棍隔著塑膠袋來回將餅乾壓碎。

2　無鹽奶油用微波爐稍加熱至融化後和壓碎的餅乾混合均勻。

3　備一個 7 或 8 吋烤模，底部先鋪上一張保鮮膜後將步驟 2 倒入並壓緊成為餅乾底後入冷藏備用。

4　奶油乳酪切成小塊狀和砂糖一起放入一小鍋中，隔水加熱至融化。

5　牛奶和鮮奶油緩緩加入，混合均勻並攪拌成滑順的起司糊。

6　再將檸檬皮屑和檸檬汁加入拌勻。

7　吉利丁片泡冰水軟化後，擠乾水分一次一片加入步驟 6 的檸檬起司糊中，等一片攪拌至完全融化後再放入另一片直到 3 片吉利丁片都融化即成為蛋糕糊。

8　將鋪好餅乾底的烤模自冰箱取出，蛋糕糊倒入後再放入冷藏至少 4 小時至蛋糕定型即可。

[NOTE]

●完成的蛋糕要脫模時請以熱毛巾包住烤模四周，待起司稍稍融化時很容易就可以將烤模與蛋糕分離！

●冷藏過的起司蛋糕類要切片時，蛋糕刀（不鏽鋼）一定要先烘烤或用滾水沖過擦乾再下刀切，這樣切口就能很平整美麗！

●食譜分量也可以使用 6 吋模，就會成為餅乾底和蛋糕體都較厚的起司蛋糕～

海綿雞蛋糕

■ **材料:** ● 蛋(室溫) 4個　　　● 無鹽奶油 35g　　　● 全脂鮮奶 80ml
　　　　　 ● 白細砂糖 60g　　　　● 低筋麵粉 65g　　　　● 玉米粉 15g
　　　　　 ● 白醋 少許

■ **作法:**

1　將鮮奶和無鹽奶油放入一只碗中,隔水加熱到鮮奶溫熱奶油融化即可。

2　低筋麵粉和玉米粉過篩入鋼盆中,將步驟1倒入用刮刀輕拌勻到無顆粒狀。蛋黃1次1顆加入拌勻直到4個蛋黃全部拌入。

3　另備一鋼盆將蛋白全部放入,白醋、砂糖(分2〜3次)加入,以電動攪拌器中高速攪打到蛋白霜沾附在攪拌器上呈倒鉤狀不滑落。

4　取1〜2大瓢的蛋白霜到步驟2的麵糊中輕輕拌勻,再將拌好的麵糊倒回蛋白霜中拌成蛋糕糊。

5　備一個8吋烤模,內部刷上薄薄的一層奶油後沾上低筋麵粉。將拌好的蛋糕糊倒入,輕敲烤模使蛋糕糊內多餘的氣泡冒出。進預熱好的烤箱以攝氏170度烤約30分鐘,竹籤插入不沾黏蛋糊時,將烤模移到最上層再烘烤個5分鐘使表面上色即可。

蔓越檸檬水蒸蛋糕

■ 材料：【材料 A】　● 植物油　10ml　　● 零脂優格　4 大匙　　● 檸檬汁　2 大匙
　　　　　　　　　　● 檸檬皮屑　1 大匙（用青、黃兩種檸檬組合）

　　　　　【材料 B】　● 蛋　3 個　　● 糖　70g

　　　　　【材料 C】　● 低筋麵粉　130g　　● 無鋁泡打粉　¼ 茶匙
　　　　　　　　　　● 蔓越莓乾　3 大匙（大致切碎並浸泡在水果酒中）

■ 作法：

1　取一小碗先將【材料 A】混合均勻。

2　將蛋＋砂糖隔約 50℃的熱水用電動攪
　拌器打成細緻的蛋糊後（牙籤插入能
　站立不傾倒），先將步驟 1 加入，再
　將除了蔓越莓乾的【材料 C】分兩次
　過篩拌入。　拌的時候要由下向上翻，
　動作要輕柔且不可攪拌過久以免過度
　消泡。

3　拌好的蛋糕糊倒入鋪好烤紙的 6 吋模
　中，將蔓越梅碎稍瀝乾後倒入。再將
　模子輕敲檯面幾下，讓蛋糕糊中的空
　氣儘量散出。

4　蒸鍋水滾後，中火蒸約 20 分鐘，竹籤
　插入不沾黏麵糊就可以關火了。

5　放稍涼並脫模，切成大片，上頭再灑
　上一些糖粉即可。

[NOTE]

● 食譜配方屬於低糖低油，口
　味偏清淡，糖分的用量可以
　再依個人口味酌量增加。

● 泡打粉的部分可加可不加，
　新手烘焙可以先從加一點泡
　打粉輔助開始！

蘋果派

【NOTE】

● 最後進烤箱烘烤的步驟，可以備一小碟蜂蜜檸檬水，途中可以刷在蘋果片上 2～3 次以避免蘋果片烘烤過乾而影響口感喔！

● 烤好的蘋果派要放至稍涼再進行切片喔！

■ 材料：● 蘋果 2 個　　● 檸檬汁 適量

【派皮】　● 低筋麵粉 180g　　● 蛋黃 2 個　　● 無鹽奶油 80g
　　　　　● 糖 40g

【內餡】　● 蛋 2 個　　● 杏仁粉 200g　　● 糖 120g
　　　　　● 無鹽奶油 120g

■ 作法：

【製作派皮】

1　無鹽奶油在室溫中軟化後和糖一起用電動攪拌器打到發白。

2　加入蛋黃用刮刀拌勻後將低筋麵粉篩入。

3　用手指指尖搓揉麵糰使麵糰變成眾多的小麵糰粉粒狀後再捏整成一整個麵糰，放入塑膠袋中進冷藏備用。

【製作內餡】

4　蛋打散後加入糖充分打勻，再將杏仁粉過篩加入拌勻。

5　無鹽奶油用微波爐低溫融化後倒入步驟 4 中混合均勻。（喜歡帶點點酒香的此時可以加入 1 大匙烈酒拌勻）內餡料即完成。

6　將蘋果削皮去核切成片狀後和檸檬汁混合防止氧化變色。

7　將步驟 3 的麵糰自冷藏取出擀成派皮並放在派模中。（食譜分量可做成 8～9 吋派皮）。

8　步驟 5 的內餡料統統倒入，上層依個人喜好的方式排好蘋果片，進預熱好的烤箱以攝氏 185 度烤 40 分鐘至派皮香酥蘋果片表面微焦即可。

奶酥棉花糖吐司

■ 材料：• 吐司 2 片　　• 奶酥醬 適量
　　　　• 葡萄乾 適量　• 棉花糖 1 包

■ 作法：

1　吐司抹上適量奶酥醬後擺上葡萄乾。

2　上頭依九宮格方式排上棉花糖。

3　進預熱好的烤箱以攝氏 185 度烤 10 分鐘至棉花糖表
　　面微焦成金黃色即可。

原味鬆餅

■ 材料：
- 低筋麵粉 60g
- 玉米粉 15g
- 白細砂糖 30g
- 鮮奶 100g
- 全蛋 1個
- 無鋁泡打粉 少許
- 香草粉（精） 少許

[NOTE]

● 鬆餅麵糊很快就能熟透喔～當麵糊下鍋四周邊緣開始翹起就可以準備翻面了！煎的時候要保持小火才不易燒焦！

■ 作法：

1 所有粉料都過篩後拌勻再加入糖和鮮奶。

2 蛋打散後再加入步驟 1 中拌均勻即成為鬆餅麵糊。

3 平底鍋加少許奶油熱鍋後，用湯瓢倒入成薄圓形，小火煎至兩面金黃。

4 隨意淋上蜂蜜或巧克力醬即可。

香蕉鬆餅

材料：

- 蛋　2 個
- 香蕉（熟透的）1 根

■ 作法：

1　用小塑膠袋把敲肉錘套起來後將香蕉壓成泥狀。

2　把蛋充分打散後加到香蕉泥裡拌勻後過篩呈無顆粒狀的香蕉糊。

3　平底鍋用紙巾擦上薄油後熱鍋，2 大匙的香蕉糊下鍋小火煎到表面微焦再翻面。（一面大約煎 30 秒即可翻面）。

4　隨意淋上蜂蜜就完成了。

[NOTE]

- 這個配方煎出來的鬆餅是屬於比較濕潤的喔～有著濃濃的香蕉味。若是使用完全熟透甜度很高的香蕉，完成的鬆餅基本不用沾醬直接吃也很美味！

焦糖蘋果派

■ 材料：
- 冷凍起酥皮 6 片
- 蘋果 2 個
- 檸檬汁 1～2 大匙
- 糖 50g
- 無鹽奶油 10g
- 奶黃液 適量 （蛋黃 1 個 ＋ 20ml 鮮奶）
- 葡萄蔓越莓綜合果乾 適量
- 蘭姆酒 1 大匙 （自選可加或不加）
- 糖粉 適量

■ 作法：

1 蘋果削皮去核切成片狀和檸檬汁和蘭姆酒混合均勻。

2 取一只小鍋乾鍋將糖和約 1 大匙水放入，中火煮到糖開始變成褐色時再輕輕晃動鍋子，將無鹽奶油、蘋果片和葡萄蔓越莓綜合果乾放入拌炒到蘋果片變成略透明狀並均勻上焦糖色後即可關火。

3 取兩片冷凍起酥片，一片鋪底一片中間切開四方形的大洞後疊上。

4 取適量煮好的焦糖蘋果片擺在中間凹洞處，起酥片四周刷上奶黃液後進預熱好的烤箱以攝氏約 180 度烤 10 分鐘至起酥片金黃香酥即可。

5 撒上適量糖粉就完成了～

杏仁瓦片

■ 材料：● 蛋白 4 個　　● 白細砂糖 70g　　● 無鹽奶油 50g
　　　　● 低筋麵粉 40g　● 杏仁片 200g

■ 作法：

1　蛋白＋砂糖打到起泡狀態。（用一般打蛋器……不需要打到發，白色粗泡泡狀即可）。

2　無鹽奶油隔水加熱到融化。

3　融化的奶油加到步驟 1 中拌勻。

4　低筋麵粉過篩加入並用刮刀輕輕拌勻。

5　杏仁片加入混合均勻後放到冷藏靜置 10 分鐘。（此時可先用攝氏 160 度預熱烤箱）

6　烤盤上鋪好烤紙，用湯匙挖適量麵糊壓成薄薄的片狀（大概是 5cm×5cm 大小）進烤箱烤約 18～20 分鐘。（可以先放在烤箱上層 10 分鐘開始略上色時再移到烤箱中層再烤 10 分鐘）。

【NOTE】

● 要杏仁瓦片上色好看就必需不時的顧著火候，必要時將烤盤轉向，各家烤箱的溫度和火候不同，需要靠實際操作時調整！

● 食譜分量能烤約 5cm×5cm 左右的瓦片 28 片。

杏仁酥條

■ **材料：** •冷凍起酥皮 4 片 •蛋白 1 個（約 30g）
• 糖粉 100g • 檸檬汁 1 大匙
• 杏仁角粒 5 大匙

■ **作法：**

1 糖粉＋蛋白＋檸檬汁混合均勻備用。

2 冷凍起酥皮不退冰直接切成長條狀的 10 等分。

3 步驟 1 調好的蛋白糖醬裝入塑膠袋中，角落剪一個小口。

4 起酥片鋪在烤紙上，上頭先擠上適量的蛋白糖醬後再均勻的灑上杏仁角粒後進預熱好的烤箱攝氏180 度烤約 15 分鐘即可。

[NOTE]

• 每一個杏仁條的寬度不宜過寬如此烘烤的時候比較不會發生傾斜的狀況。

• 一次烘烤的分量比較大時，還未烘烤的杏仁酥條要進冷藏保存讓酥皮能維持在冰涼狀態，取出烘烤時才會容易膨起有層次喔。

草莓舒芙蕾

■ 材料：【材料 A】　•草莓　約 10（大）或 15 顆（小）　•檸檬汁　1 大匙
　　　　　　　　　•白細砂糖　1 茶匙

　　　　　【材料 B】　•蛋　4 個　　　　　•細砂糖　90g　　　　•香草精　1 ～ 2 滴
　　　　　　　　　•低筋麵粉　20g　　　•無鋁泡打粉　2g

■ 作法：

1　草莓去蒂、和【材料 A】一起丟入果汁機中打成泥狀備用。

2　蛋黃＋香草精＋砂糖 50g 充分打勻後再加入約 100g 的草莓泥混合均勻。

3　再將麵粉和泡打粉篩入步驟 2 中拌勻成蛋糕。

4　另取一鋼盆將蛋白和砂糖 40g 和 ¼ 茶匙檸檬汁打成可呈倒勾狀的蛋白霜，並分 2 ～ 3 次拌到步驟 3 的蛋糕中。

6　烤模上刷上一層薄薄的無鹽奶油後沾上少許麵粉，再將混合好的蛋糕倒入和模子齊高。

7　進預熱好的烤箱中以攝氏 185 度烤約 12 ～ 14 分鐘即可。出爐熱熱的灑上點糖粉立即開動，搭配著草莓泥一起吃更顯美味！

【NOTE】

•舒芙蕾一出爐接觸到較冷空氣後塌陷的很快，所以要記得趁熱享用喔！

電子鍋版蜂蜜蛋糕

[NOTE]

- 食譜做法是用迷你微電鍋，底部差不多就和 6 吋模一樣，蛋糕體烤起來會比較厚，花的時間大約是 40～45 分鐘左右。

- 如果是用 6 人分或 10 人分的電鍋，因為蛋糕體烤起來相對薄一些，烘烤時間大約 30～35 分鐘內就可以了。

- 電子鍋無法設定烹調時間時，請備上一個計時器，電鍋按下去跳起時間還不夠時，就再按一次，大致按個 2～3 次即可。

■ 材料：• 無鹽奶油 100g　• 蛋 3 個　• 白細砂糖 30g　• 蜂蜜 5 大匙（約 85g）
　　　　• 白醋 少許　• 鬆餅粉 120g

■ 作法：

1　奶油事先切成小丁塊狀在室溫下軟化加上一半分量的糖用電動攪拌器打到滑順後加入 3 個蛋黃用刮刀拌勻。

2　將鬆餅粉約分 2 次篩入，拌到無顆粒狀態的麵糊後先放在旁邊備用。

3　另取一鋼盆將 3 個蛋白和剩下的糖及白醋以電動攪拌器打成沾起呈倒尖勾狀不滑落的蛋白霜。

4　取一大匙拌好的麵糊加入蛋白霜中拌勻。

5　再把步驟 4 倒入剩下的麵糊中輕輕拌勻。（由下向上翻拌不需要太久就能拌得很均勻，要避免拌太久以致蛋白霜消泡過度。）

6　倒入事先抹好一層奶油的電鍋中，輕敲出氣泡後就可以開始烘烤（烘烤時間詳見小筆記）。

7　以竹籤插入不沾黏蛋糕糊就完成了。放稍涼將蛋糕倒扣並切成片狀即可。

優格司康

■ 材料：
- 低筋麵粉 300g
- 鹽 少許
- 無鹽奶油 70g
- 蛋 1 個
- 琴酒 1 大匙
- 白細砂糖 60g
- 泡打粉 9g
- 優格 140g
- 蔓越莓 2 大匙

■ 作法：

1　低筋麵粉和泡打粉過篩入一鋼盆中再和糖、鹽混合均勻。

2　優格和蛋先打勻，無鹽奶油切成小丁塊狀，蔓越莓稍微切碎和琴酒混合，將這三種材料統統放入步驟 1 中拌成麵糰，蓋上保鮮膜入冷藏約 30 分鐘。

3　將麵糰取出擀開成長方形後對折兩次再擀開，重複這個步驟大約 4 次後擀成厚約 2 ～ 2.5 公分的麵糰。

4　取出自己喜歡的模子壓出形狀進預熱好的烤箱以攝氏 200 度烤約 15 ～ 18 分鐘即可。

【NOTE】

- 步驟 3 擀開對折的動作一定要多重複幾次司康烘烤出來內層才會鬆軟有層次感喔！
- 可以搭配著用 2 大匙糖粉＋少許檸檬汁混合而成的檸檬糖漿一起吃～酸甜更對味！

優格奶油磅蛋糕

【NOTE】

- 磅蛋糕是種很適合放上 1～2 天再吃的蛋糕，這個配方如果放上 1 天再吃，優格的後味就會出現，和剛烤好綿密香甜的風味很不相同。

- 蛋糕一定要放涼透再下刀切片才不會鬆散碎裂喔。

- 優格自行製作也很方便：

  全脂鮮奶　500ml

  無糖優酪乳　150ml

  混合均勻，放在電鍋的內鍋中（內鍋要乾燥且乾淨），鍋蓋留一點透氣孔，按保溫鍵等待 6 個小時以上即可。

■ 材料：
- 無鹽奶油 150g ● 蛋 3 個 ● 細砂糖 160g ● 鹽 少許
- 【濕料】 ● 無糖優格 100g ● 檸檬汁 1 大匙
- 【粉料】 ● 低筋麵粉 240g ● 無鋁泡打粉 8g

■ 作法：

1. 無鹽奶油事先放在室溫下軟化後用電動攪打器打至滑順再加入糖和鹽拌勻。

2. 一次一顆蛋打入奶油糊中，用刮刀充分拌勻後再加一顆，直到 3 個蛋都打入拌好。

3. 再將【粉料】混合均勻後分 3 次過篩入奶油蛋糕中，用刮刀由下往上翻輕拌成無顆粒的蛋糕糊。

4. 再將濕料加入混合均勻。

5. 準備 2 個 18cm 的長型烤模，內部上一層薄薄的奶油後，均勻沾上低筋麵粉。

6. 將蛋糕糊倒入模中，各裝約 7 分滿進預熱好的烤箱，以攝氏 175 度烤約 45 ～ 50 分鐘，竹籤插入沒有蛋糕糊沾黏即可。

大理石紋瑪芬

■ 材料：●蛋 3 個　　　　●白細砂糖 100g　　●無鹽奶油 100g　　　　●牛奶 110g
　　　　●低筋麵粉 250g　　●無鋁泡打粉 2 茶匙　●香草粉 ¼ 茶匙（或香草精 2～3 滴）
　　　　●蘭姆酒 2 大匙（自選可加或不加）
　　　　【巧克力醬】　　　●苦甜巧克力 80g　　●無鹽奶油 15g

■ 作法：

1　蛋和砂糖打勻。蛋只要到微起泡的程度即可。

2　牛奶和事先融化好的無鹽奶油及蘭姆酒依序緩緩倒入蛋液中拌勻。

3　麵粉＋泡打粉＋香草粉混合均勻後分 3 次過篩入蛋液中。（每篩一次都要拌勻後再進行下一次，這樣就不會有結塊的情行發生。）拌勻後即成為原味麵糊。

4　取 1／3 的麵糊和 2 大匙的巧克力醬混合成為巧克力麵糊。（巧克力醬就是將巧克力和奶油隔水加熱到融化混合均勻即可）。

5　準備好瑪芬的小紙模，原味麵糊倒入約 6 分滿後再加入巧克力麵糊至 7～8 分滿。

6　拿一根小湯匙的柄端，輕輕的由下往上翻攪個 2～3 次使麵糊出現大理石紋路。

7　放進預熱好的烤箱以 185 度烤約 22～25 分鐘竹籤插入不沾黏即可。

布魯媽媽的幸福食堂：輕鬆煮就好吃,200道
停不了口的美味秒殺料理！/ Lina 作. -- 初版.
-- 臺北市：布克文化出版：家庭傳媒城邦分公
司發行，民104.01　　　面；　公分　　ISBN
978-986-5728-30-4(平裝)　1.食譜　　427.1
103027354

布魯媽媽的幸福食堂：
輕鬆煮就好吃，200 道停不了口的美味秒殺料理！

作　者／LINA
美術設計／Chris' office
企畫選書人／賈俊國

總 編 輯／賈俊國
副總編輯／蘇士尹
行銷企畫／張莉滎、廖可筠

發 行 人／何飛鵬
法律顧問／台英國際商務法律事務所 羅明通律師
出　　版／布克文化出版事業部
　　　　　台北市民生東路二段141號8樓
　　　　　電話：02-2500-7008
　　　　　傳真：02-2502-7676
　　　　　Email：sbooker.service@cite.com.tw
發　　行／英屬蓋曼群島商家庭傳媒股份有限公司城邦分公司
　　　　　台北市中山區民生東路二段141號2樓
　　　　　書虫客服服務專線：02-25007718；25007719
　　　　　24小時傳真專線：02-25001990；25001991
　　　　　劃撥帳號：19863813；戶名：書虫股份有限公司
　　　　　讀者服務信箱：service@readingclub.com.tw

香港發行所／城邦（香港）出版集團有限公司
　　　　　香港灣仔駱克道193號東超商業中心1樓
　　　　　電話：+86-2508-6231　　傳真：+86-2578-9337
　　　　　Email：hkcite@biznetvigator.com
馬新發行所／城邦（馬新）出版集團 Cité (M) Sdn.
　　　　　Bhd.41, Jalan Radin Anum, Bandar Baru Sri Peta
　　　　　ling, 57000 Kuala Lumpur, Malaysia
　　　　　電話：+603- 9057-8822
　　　　　傳真：+603- 9057-6622
　　　　　Email：cite@cite.com.my
印　　刷／韋懋實業有限公司
初　　版／2015年（民104）01月
　　　　　2018年（民107）12月初版14.5刷
售　　價／380元

孩子都說的甘甜好味

讚先

非基因改造大豆

不加防腐劑

李錦記
始創於1888年・Since 1888

甘甜醬油露

非基因改造大豆

不加防腐劑

Sweet Soy Sauce

淨容量410毫升 NET CAPACITY 410mL

超美味

紅燒五花肉 | 份量 **6人份**

材料：
五花肉600g、老薑片4-5片、
蒜頭6個、青蔥1大枝。

調味料A：
李錦記甘甜醬油露3又1/2大匙、
白胡椒1/4茶匙、花椒粉少許。

調味料B：
李錦記甘甜醬油露3大匙、米酒3大匙、
烏醋1大匙、番茄醬1大匙、辣椒醬1茶匙。

作法：
❶ 用1大匙油熱鍋依序將老薑片、蒜頭、蔥段
爆香後下五花肉及【調味料A】炒出醬色。
❷ 再加入【調味料B】及500ml清水、中大火
煮滾後轉小火燜煮約80分鐘即可。

更多創意食譜，請上李錦記官網
http://taiwan.lkk.com/zh-hk/

我的健康食創 讓感情不一樣

料理安心 是因為飛利浦家電的創新
一起動手 簡單改變讓家人更靠近

創新✦為你

MYKITCHEN
健康新廚法

2012年初 因為煎了一塊60元的板腱牛排
開始了賣鍋的人生…

2012年底 背著這支鍋四處拜訪通路商，四處碰壁，一次次冷
漠的拒絕;一次次被趕出辦公室的打擊，幾個月後
，我破產了。

2013年初 銷售量開始成長;2013年中開始缺貨，2013年底我
們站起來了!

2014年初 這支鍋沒有廣告，沒有名人代言，
只有萬名鍋友口碑力挺。

它 襲捲了全台鍋具市場，一支100%台灣生
產製造，外銷歐、美、日頂級米其林餐廳
專用，打下漂亮成績再回首台灣上市的傳奇鐵鍋。

2014年底 各地通路商找上我們，只因為煮婦的聲音，他們聽
到了!

一支20年保固，終身保用，能讓您傳家的無塗層鍋具
一支能讓您挑戰各式高難度料理的操不壞鍋具
一支能讓您媲美五星料理的專業職人鍋具
一支能讓您為愛而料理的有機天然鍋具
一支能讓您進烤箱，料理各式義法饗宴的米其林鍋具
一支能讓您無油煎肉，5滴油煎魚的神奇鍋具
一支能讓您烤麵包、烤雞、烤鴨、亂亂烤的精鐵鍋具
一支能讓您好煎 、好炒、好烤、好洗、永久不沾的傳奇鍋具- 黑鼎

facebook | 黑鼎傳奇精鐵鍋 | 🔍